最前線で働く人に聞く日本一わかりやすい5G

5TH GENERATION
MOBILE COMMUNICATION
SYSTEM

How will "5G" change our lives?

中村尚樹
NAKAMURA Hisaki

プレジデント社

はじめに

「希望を加速しよう」
「そこは自由な世界だった／すべての制限から自由に／離れていてもまるで一緒にいるかのように」
「せっかくいろいろできるのに、可能性は制限しないでほしいな」

次世代の移動体通信規格である「5G」をテーマに、有名俳優や人気タレントを使った目を惹くCMがテレビで大量に流されている。そこで語られているのは「5Gは、夢や希望をかなえる未来への扉」というイメージだ。裏返していえば、5Gで何ができるようになるかは、これからのお楽しみというわけである。

いま、超高速大容量の5Gが注目をあつめている。そのスピードを例えていえば、4Gが時速15キロの自転車だとすると、5Gは時速300キロで疾走するF1マシンのレベルに達するのだ。スマートフォンの使い勝手が格段によくなるのは確かだろう。しかしそれだけではない。スマートフォンの利便性が向上する以上に「新しい産業インフラ」として期待されているのだ。

中でも〝IoT〟という言葉が注目されている。日本語では「モノのインターネット」と呼ぶ。これまでインターネットに接続されていなかったありとあらゆるモノが、次々とインターネットにつながってゆく。それは、ケーブルを延々とはわせなければならない有線では、とうてい無理な話だった。

かといって4Gや無線LAN（Wi－Fi）といった従来の無線通信では、通信速度や接続可能台数などの面で難しかった。それが5Gだと、実現できるのだ。

コンピューターに接続する装置〝IoTデバイス〟は、あらゆる産業分野が対象となる。5G対応スマートフォンを持っていないからといって「私には5Gは関係ない」ということにはならない。5Gは、私たちの社会に欠かせないインフラになろうとしているのだ。

新たなビジネスチャンスとして5Gに対する関心が高まる中で、ゴールの明確化を旨とする経営コンサルタントは、「『5Gでこんなことができます』という絵に描いた餅系のプロジェクトを見ると、5Gでなくてもできることが多い」として、「『よくわからないけれど、乗り遅れるのが怖いからとりあえず手をつけておこう』というチャレンジは危ないですよ」とアドバイスする。5Gは魅力的なツールだが、「何のために使うのか」という目的を明確にしておかないと導入の成果に対する評価があいまいになり、「資金を浪費しただけ」ということになりかねないという見方だ。確かにそれも一理ある。

一方で、別の考え方もある。「とりあえずやってみて、『こんなに変わるんだ』というところを見つけるのが正しいアプローチ」とする意見だ。歴史的な大変革は、こちら側のチャレンジから生まれることが多い。

iPhoneの開発史を描いたブライアン・マーチャントの著書によれば、アップル創業者のスティーブ・ジョブズは「スマートフォンが本当に誰もが使う道具になるのか確信が持てなかった。いわゆる〝ファッションに興味のないテクノロジー好きのオタク連中〟だけの道具になる」かもしれないと懸念した。さらにジョブズは、iPhoneの機能を第一義的には電話だと考え、「外部デベロッパーのソフトウェアは許可しなかった」。その結果、発売当初の初代iPhoneの売れ行きは、惨憺たるものだった。そこでジョブズがしぶしぶ方針転換に同意してiPhoneにアップストアを搭載し、外部のアプリケーションを受け入れるようにしたところ、売れ行きは急カーブで上昇し、爆発的な大ヒットとなった。「アプリこそiPhoneの中核である」と決めたのは、利用者だったのだ。

その後、シェアリングエコノミーのウーバーやAirbnb（エアビーアンドビー）が生まれるなど、スマートフォンはベンチャービジネスの旗手たちを次々と生み出していった。こうしたビジネスにとってなくてはならない機能である地図アプリも、アップルのふたりのエンジニアによる思いつきで、わずか3週間でつけ加えられた機能だったという。つまり開発側の思惑を超えるような使い方をされてスマートフォンはブレイクし、私たちの社会を変えていったのだ。

5Gを利用した新しいビジネスが生まれるのも、これからだ。5Gは無限の可能性を秘めているが、あくまでツールであり、それを活かすも殺すも私たち、人間次第なのである。

本書では、技術的な説明はおおざっぱに仕組みを理解する程度にとどめた。それよりも、様々な視点からインフラとしての5G利用にチャレンジする人たちにフォーカスしながら、5Gをめぐる新たな動きを紹介することにポイントを置いた。5G黎明期の取り組みを知ることは、新たなビジネスチャンスを探るビジネスパーソンばかりでなく、5G時代に身を置く私たちすべてにとって、関心領域であると思ったからだ。

なお本文ではすべて敬称を略させていただいた。肩書は基本的に、取材時のものである。

第1章 20分でざっくり理解する「5G」のこと

第2章 ダイバーシティの実現と地方創生の可能性

第3章 人びとの暮らしと社会を変えるスマートシティ

第4章 「自動運転技術」の進展が期待される理由

第6章 革新し続けるエンターテインメントの世界

第7章 利便性と引き換えに直面するリスクとその管理

第1章

20分でざっくり理解する「5G」のこと

INTRODUCTION

なぜ5Gが求められているのか？

かつて「ユビキタス」という言葉が一世を風靡したことがあった。「神はあまねく存在する」という意味のラテン語に由来し、近未来を予言する言葉である。

総務省の『平成16年版情報通信白書』によれば「ユビキタスネットワーク社会」とは「いつでも、どこでも、何でも、誰でも」ネットワークにつながることにより、様々なサービスが提供され、人びとの生活をより豊かにする社会を指す。アメリカのコンピューターサイエンティスト、マーク・ワイザーが1991年に提唱した概念だ。スマートフォンはもちろん、携帯電話によるインターネットの利用もまだ普及していない時代だから、まさに慧眼である。当時、ワイザーの所属していたゼロックスのパロアルト研究所は、パソコンを進化させた「パッド」や「ボード」などの小型端末を開発していた。

「シリコンバレーのプロメテウス神話」と呼ばれるエピソードがある。アップルのジョブズがパロアルト研究所を視察し、そこで貴重なアイデアを得てパーソナルコンピューターのマッキントッシュを開発した。のちにビル・ゲイツがウィンドウズを発表した際、ジョブズが「アイデアを盗まれた」とゲイツに抗議すると、「もとをたどればゼロックスではないか」と反論したというものだ。それほどパロアルト研究所は最先端をいっていた。

話を戻すと、パソコンの置かれたデスクの上だけでなく、室内はもちろん、自動車や電車の中、さらには戸外でもインターネットに接続できるのが「いつでも、どこでも」である。そしてコンピューターをそれと意識させず、あらゆる生活環境に組み込むのが「何でも、誰でも」である。それは人と人だけでなく、人とモノ、モノとモノがネットワークにつながる社会だ。

ワイザーは「やがてコンピューターは人びとの認識から消えるほどのありふれた存在となるだろう」と予言した。ワイザーの提言から30年がたったいま、ユビキタスはごく当然の現実として、私たちの前に存在している。『平成27年版情報通信白書』は「パソコンやスマートフォン、タブレットといった従来型のＩＣＴ端末だけでなく、様々な『モノ』がセンサーと無線通信を介してインターネットの一部を構成するという意味で、現在進みつつあるユビキタスネットワークの構築は『モノのインターネット』（ＩｏＴ＝Internet of Things）というキーワードで表現されるようになっている」と指摘する。ユビキタスという哲学的な言葉はすでに過去のものとなり、ＩｏＴという無機的な言葉が取って代わることになる。５Ｇが求められている背景には、こうした産業や社会構造の変化がある。

第１章では、５Ｇに関する基礎的な情報を整理してお伝えしたい。

1-1 「移動通信システム」の進化の歴史

ほぼ10年おきに登場してきた新しい移動通信システム

日本では２０２０年から５Ｇ（第５世代移動通信システム）の商用サービスが始まった。

５Ｇは〝5th Generation〟、第５世代の略だ。「ごジー」と読む人もいるが、最近では「ファイブジー」派が多数となっている。では何が５世代目かといえば、携帯電話の通信規格のことである。第５世代というからには、その前には当然のことながら第１世代から第４世代があり、ほぼ10年おきに新しい世代が登場している。ここで５Ｇに至るまでの歩みを簡単に振り返ってみよう。

なお、通信やコンピューターの世界では数字の後ろ、単位の前に「補助単位」、または「接頭辞」と呼ばれる用語がつけられることがよくある。たくさんのゼロが並ぶ小さな数字や大きな数字の場合、そのままだと読みにくいからだ。

例えば「キロ」が１０００なのはわかるとして、小さな数字の補助単位の「ナノ」は10億分の１、「マイクロ」は１００万分の１、反対に大きな数字の補助単位の「メガ」は１００万、「ギガ」は10億、

「テラ」は1兆、「ペタ」は1000兆というぐあいだ。その際のギガも、Gと表記する。5Gは「ファイブジー」のほかにも、「ごギガ」を意味する場合もあるわけだ。

具体的にはギガと単位を組み合わせて、周波数では5Ghz（ごギガヘルツ）、データ量では5Gbyte（ごギガバイト）、通信速度では5Gbps（ごギガビーピーエス）という表現になる。

本書ではわかりやすさを優先して、移動通信システムの世代を表す場合は「G」、補助単位の場合はカタカナで「ギガ」と表記することにする。

携帯電話が携帯ではなかった1G時代

日本で1Gがスタートしたのはいまから40年以上も前、1979年12月のことだった。NTTの前身である電電公社（日本電信電話公社）が東京23区で商用サービスを開始した。当時は「携帯電話」ではなかった。重さが約7キロもあったため携帯することができず、自動車に搭載される「自動車電話」として登場したのだ。

当初は社用車や一部のタクシー、ハイヤーなどにしか搭載されなかった。1985年には「ショルダーホン」が登場した。重さが約3キロとなり、肩にかけて持ち運ぶことができるようになった。電電公社が民営化されてNTT（日本電信電話）が発足したのも、同じ1985年だ。小型化が進んで「携帯電話」1号機の登場は、1987年のことである。それでも重さは約900グラムもあった。

ちなみに固定電話によるISDN（サービス統合デジタル通信網）がサービスを開始したのは

１９８８年である。

アナログ方式からデジタル方式に変更した２Ｇ時代

２Ｇの登場は１９９３年。それまでは音声をそのまま信号として伝達するアナログ方式だったが、音声を０と１のデータ列に変えて伝達するデジタル方式に変更された。

デジタル化のメリットは、音質の劣化が起きにくいため、通信状態が不安定な環境の通話でも音声がクリアになったことだ。さらに、データ通信サービスが容易になり、ショートメッセージや電子メールを携帯電話で使えるようになった。１９９９年には、すでにＮＴＴから分社化されていたＮＴＴドコモがインターネットの接続サービスとしてｉモードを開始した。ｉモードはキャリアメールの送受信やウェブページの閲覧、オリジナルのコンテンツの利用ができる世界初の携帯電話ＩＰ接続サービスで、モバイルシーンに革命的変革をもたらした。そこで生み出されたコンテンツビジネスは、アップルやグーグルに影響を与えたともいわれている。

ちなみに医療機関ではごく最近まで使われていたＰＨＳ（Personal Handy-phone System）も、２Ｇの普及と同時期の１９９５年に登場した。携帯電話とＰＨＳは形が似ていて、通話するという目的も同じだ。しかし電気通信事業法では、無線局免許が必要ないＰＨＳと、無線局免許が必要な携帯電話とは別物である。当時の携帯電話は基地局が少ないため通話音質が不安定で、むしろＰＨＳのほうが、通信範囲は限られるものの、安定した通話ができた。高出力の基地局を多数設置する必要がある携帯電話はコストがかさんで料金も高い。

これに対して一般の電話回線を利用するＰＨＳは、安価な上に小型で使いやすいと人気を呼んだ。しかし携帯電話基地局の整備が進んで料金も下がると、どこでもストレスなく話せる携帯電話の人気が高まり、２０２０年にＰＨＳはその歴史の幕を閉じたのである。

通信規格が統一された3G時代

続く3Gは、それまで国や地域によってバラバラだった通信規格を統一しようと、国際標準規格に準拠した通信システムが導入された。ＮＴＴドコモは２００１年に、世界初の3GサービスとしてＦＯＭＡ（Freedom Of Mobile multimedia Access）の提供を始めた。携帯情報端末のＰＤＡ（Personal Digital Assistant）が普及したのもこの世代だ。

ちなみに固定の電話回線を利用した、より高速なデジタルアクセス技術のＡＤＳＬがサービスを開始したのが１９９９年。２００１年にはＹａｈｏｏ！ＢＢの登場で、ＡＤＳＬの料金と速度をめぐる事業者間の競争が激化した。同時期の２００１年以降、都市部では光ファイバーを使って高速な通信が可能なＦＴＴＨ（Fiber To The Home）が始まった。

アメリカでは２００７年にアップルのｉＰｈｏｎｅが、２００８年にはグーグルの開発したＯＳ（オペレーティングシステム）であるＡｎｄｒｏｉｄ（アンドロイド）を搭載したスマートフォンが発売された。Ａｎｄｒｏｉｄがユニークなのは、アップルがｉＰｈｏｎｅのｉＯＳを自社製品にしか搭載させないのに対し、グーグルはオープンソース戦略をとり、誰でも自由に無料で使えるようにしたことだ。このためＡｎｄｒｏｉｄを搭載したスマートフォンは基本操作がほぼ同じだが、端末メーカー各社がワンセグや防水、二つ折りなど、それぞれ個性を打ち出した製品を開発している。それまではフィーチャーフォンと呼ばれる二つ折りの携帯電話が一般的だったが、スマートフォンへと時代が一気に加速していく。

スマートフォンの普及と利用が加速した４Ｇ時代

２０１０年にはＮＴＴドコモが、４Ｇのさきがけとなるｌ ＴＥ（Long Term Evolution）と呼ばれる高速大容量の通信サービスを開始した。データを分割して送受信できるパケット通信の高速化がはかられた第4世代はスマートフォンの時代といってもいい。音声をデータ化するＶｏＬＴＥ（Voice over LTE）という規格も作られ、音声通話も４Ｇ対応となった。

この時点で通信速度が、２Ｇ当初の約10万倍となり、ユーチューブなど動画共有サイトが人気となった。検索エンジンの「グーグル」、デジタルデバイスの「アップル」、ＳＮＳの「フェイスブック」、それにネットショッピングの「アマゾン」が超巨大化したのもこの時期である。４社をその頭文字で表現したＧＡＦＡ（ガーファ）は４Ｇ時代の落とし子といえるだろう。

ＬＴＥを高度化したＬＴＥ－Ａｄｖａｎｃｅｄは２０１５年にサービスを開始した。

アメリカと韓国が先陣を切った5G時代

いよいよ5Gである。NR（New Radio）と呼ばれる、新しい無線アクセス技術を採用する。世界の先陣を切ってアメリカと韓国で、2019年4月にサービスが始まった。同年5月にはイギリスとオーストラリアで、11月には中国で運用が始まった。

一方国内では、NTTドコモ、auブランドを展開するKDDI、ソフトバンク、それに楽天モバイルの携帯キャリア4社が、2020年春以降に順次、商用サービスを開始した。

なお、通信業界では回線事業者のことを「データを運ぶ」という意味から「キャリア」とも呼ぶ。スマートフォンや携帯電話の移動体通信の場合、「スマートフォンキャリア」とは呼ばず、「携帯キャリア」という言い方が一般的になっている。「通信キャリア」という場合は携帯キャリアだけでなく、固定電話の事業者も含まれる。念のためにいえば、自社で通信網を持っていない格安SIM事業者は「キャリア」ではない。

1-2 フルスペックの５Ｇはいつ普及する？

企業や自治体が敷地内で運用する「ローカル５Ｇ」とは？

５Ｇは産業界での利用が期待されているが、全国展開する携帯キャリアの５Ｇ網が津々浦々をカバーするまでには、どうしてもかなりの時間がかかる。そのこともあって携帯キャリアが設置する５Ｇとは別に、企業や自治体などが自らの敷地内で独自に５Ｇを運用することが認められている。これを携帯キャリアによるパブリックな５Ｇと区別するため、「ローカル５Ｇ」と呼ぶ。ローカル５Ｇの事業者には、国から免許が交付される。

ローカル５Ｇを利用したい事業者から依頼を受けたＩＴベンダーが免許を申請して免許人となり、システムを構築し、依頼した側がユーザーとして利用することもできる。ネットワーク機器などを扱うＩＴベンダーを中心に、ローカル５Ｇビジネスの参入機会が生まれている。

一方、携帯キャリアは、自身が免許を取得してローカル５Ｇの事業主体となることはできない。ただし、第三者のローカル５Ｇシステム構築を支援することは可能である。

ローカル5Gを使うと、例えば工場でロボットをつなぐケーブルを、大幅に省くことができる。そうなると生産ラインの変更も容易になり、需要の変化に応じた生産体制の変更がフレキシブルに行えるようになる。ローカル5Gは製造業ばかりではなく、農業や漁業、林業、サービス業など、あらゆる業界から注目を集めている。

人口に加え、エリアのカバー率も重視される5G通信

ところで、スマートフォンや携帯電話の便利さを示すカバー率はこれまで、主に人口カバー率が使われてきた。というのはスマートフォンや携帯電話を利用するのは人間であり、使える人口が多いかどうかが、各キャリアの使い勝手を判断する重要なポイントだったからだ。しかし5Gになると、もちろん人間も使うのだが、そればかりではなく「モノ」も5G通信を利用するようになる。そこで、最低限のエリアカバー率を総務省は求めた。

具体的には、各携帯キャリアに対する国の5G無線周波数割り当てに際して、全国での利用を可能とするため、2022年3月末までに全都道府県で5G通信サービスを提供すること、さらに2024年4月までに5G基盤展開率を50％以上にすること、という条件がつけられている。これは全国を10キロ四方の4500区画に分けて、人口の多寡にかかわらず、5Gの「高度特定基地局」をそれぞれ少なくとも1カ所整備するよう求めたものだ。高度特定基地局とは、地域の基盤となる基地局で、その下に小型の基地局を配備することで、5G通信網の整備が進むと見られている。大都市だ

けでなく、全国津々浦々のサービス提供が望まれているのだ。

こうした基地局の大量配備という追い風を受けて２０１９年12月、東証マザーズに上場したのがＪＴＯＷＥＲだ。同社はショッピングモールなど大型施設や専用のタワー向けに、移動体通信各社が共用できる通信設備を設置する「通信インフラシェアリング」を手掛けている。各携帯キャリアやビルオーナーは個別に基地局設置の工事や作業の調整にあたる必要がなく、効率的に作業が進む。

同社社長の田中敦史は「５Ｇ普及や楽天の携帯キャリアへの参入によって、通信インフラシェアリングの需要は今後いっそう高まるだろう。携帯キャリアの開設計画からニーズをくみ取って提案を進めていきたい」（２０１９年12月18日付け日本経済新聞）と話す。住友商事と東急も２０２１年２月、５Ｇ基地局を移動体通信各社向けにシェアリングする事業会社を設立した。世界的にはこうした基地局シェアの動きがすでに主流となっている。

５Ｇ時代に利用が最も加速するのは「産業用途」のデバイス

５Ｇになると、高周波数帯の活用や、アンテナ技術の進化などにより「超高速大容量」「超高信頼低遅延」、そして「多数同時接続」が可能となる。スマートフォンは音声で会話をするための携帯電話としての役割も果たすが、通話の品質としては４Ｇでほぼ、不満のないレベルに到達している。従って５Ｇの進化は、各種データの送受信が対象となる。

『令和２年版情報通信白書』によると、全世界で使われているＩｏＴデバイス（固有のＩＰアドレスを持ちインターネットに接続が可能な機器およびセンサーネットワークの末端として使われる端末等）は、２０１５年で１６６億台だったのが、２０１９年には２５４億台に増え、２０２２年には３４８億台に増加すると見込まれている。

これをデバイス別内訳で見てみると、２０２２年の予測値では、スマートフォンや通信機器などが１２１億台で最も多い。ただし伸び率を見ると、２０１９年との比較で8・7％の増加にとどまっている。これに対して工場やインフラ、物流など「産業用途」のデバイスは93億台の予測で、２０１９年比で71・９％もの伸びとなる。スマート家電やＩｏＴ化された電子機器など「コンシューマ」用途のデバイスも87億台で、69・５％の伸びが見込まれている。さらにコネクテッドカーの普及によりＩｏＴ化が進む「自動車・宇宙航空」用途は16億台で、62・６％の伸びが予測されている。

５Gの提供に大きな影響を及ぼす「サブシックス」と「ミリ波」

５Gで注意していただきたいのは、前述した３つの特徴が同時に提供を開始されるわけではないということだ。具体的にいうと、５G技術は「①超高速大容量」「②超高信頼低遅延」「③多数同時接続」の順で、段階的に進化する。

その理由は、５Gで使う電波の特性と、それを踏まえた移動体通信各社の整備方針による。

まず電波の特性を確認しておこう。それは周波数と波長によって異なってくる。

低い周波数帯についていえば、情報の伝達容量が小さいものの、遠距離まで届いたり、建物や山などの障害物があっても、その陰に回り込んで伝わったりする。こうした特徴を活かして、船舶や航空機の航行用ビーコンや電波時計、AMラジオ、アマチュア無線、FMラジオ、そして携帯電話などに利用されている。従来の4Gでは、低い方では700メガヘルツ帯、高い方では3・6ギガヘルツ帯まで使われている。

では5Gはどうなのかというと、比較的低い周波数の「ローバンド」、比較的高い周波数の「ミッドバンド」、かなり高い周波数の「ハイバンド」がある。「ローバンド」と「ミッドバンド」は6ギガヘルツ以下という意味で「Sub－6」（サブシックス／以下、サブ6）、ハイバンドはその波長を踏まえて「ミリ波」と呼ばれる。技術の進歩で、これまでは無線通信に使えなかった周波数帯も使えるようになったのだ。

世界各国は自国で使う電波帯を用途ごとに細かく割り当てている。日本ではその業務を担当する総務省が5G向けに割り当てた周波数帯は、サブ6としてミッドバンドの3・7ギガヘルツと4・5ギガヘルツ、ミリ波としては28ギガヘルツである。ここで注目していただきたいのが、一口で5Gというものの、使用する周波数帯が大きく2つに分かれていることだ。

5Gで喧伝されている超高速大容量、超高信頼低遅延、多数同時接続はあくまで、ミリ波を使い、しかも「コアネットワーク」と呼ばれる専用の制御システムを利用してはじめて、フルスペックの5Gが利用可能となる。その一方でミリ波を利用するには、様々な制約がある。最大の課題は、光に近い周波数のミリ波は直進性が強く、障害物に対して回り込むことができないことだ。4Gであればひとつの基地局で半径1キロから数キロをカバーできていたのが、ミリ波だと数百メートル、場合によってはは数十メートルしかカバーできなくなる。そのため多数の基地局設置が必要となり、莫大なコストと手間がかかるのだ。

これに対して5Gでもサブ6であれば、電波の届く範囲も1キロ程度にはなる。

国内携帯キャリア各社の5G基地局設置の目標

単独で基地局を設置することをSA（スタンドアローン）、4G基地局に併設することをNSA（ノンスタンドアローン）と呼ぶ。NSAの5Gは、4Gより高速大容量ではあるものの、信号を制御する「コアネットワーク」は4G施設を流用するため、超高信頼低遅延、多数同時接続という5Gならではの特性を発揮できない。SAになってはじめて、フルスペックの5Gが完成する。

まずはNSAでサブ6の基地局を建設し、ニーズに応じてピンポイントでミリ波の基地局を設置するのが国内携帯キャリア各社の基本的な方針だ。

こうして徐々にではあるが、5Gのサービスエリアは広がっている。例えばNTTドコモでは5G基地局設置の目標として、2022年3月末で約2万局、2023年3月末で約3万2000局を目指している。これを人口カバー率で見ると、2022年3月末には約55％、2023年3月末には約70％になると予測している。KDDIとソフトバンクは2022年3月末には5万局を整備し、人口カバー率90％以上を目指す。楽天モバイルは2021年夏頃までに5Gの人口カバー率96％を目標に設定している。

1-3 「超高速大容量」「超高信頼低遅延」「多数同時接続」とは

それでは5Gの3つの特徴を順に見ていこう。

4Gの20倍を実現する「超高速大容量」

まず超高速大容量である。高速とは転送速度の速さ、大容量は同時に扱えるデータ量の多さを意味する。基地局から端末へのダウンロード通信を「下り」、逆に端末から基地局へのアップロード通信を「上り」という。

下りの通信速度は1G時代が2・4キロbps（bit per second）だった。いまでは考えられないほどの遅さである。それが2Gで28・8キロbps、3Gで384キロbpsへと進化した。4Gは2010年から1ギガbpsを目標にサービスを開始した。2019年には目標性能を超え、100メガヘルツ帯域で最大1・7ギガbpsに達した。これは1Gの約70万倍にもなる。こうしてみると、高速大容量化の歴史はすさまじいものがある。

5Gは国際標準化団体の掲げる世界共通の目標性能が理論値として20ギガbpsとされている。目標性能で比べたとき、4Gの20倍のスピードを実現しようとしている。

周波数帯の観点から見てみると、5Gに割り当てられた帯域幅は、4Gまで使われてきた帯域幅の2倍にもなる。通信に使える帯域幅が広ければ広いほど、速度を出しやすくなる。5Gで高速大容量が実現できるのは、利用できる周波数帯の幅の広いことが重要なポイントである。特にミリ波はこれまで使われていなかっただけに、帯域を広くとりやすいのだ。

ところで総務省の資料を見ると、5Gは「現行LTEの100倍」という表現を目にすることがある。この表現をそのまま流用している新聞やテレビも多い。「2時間の映画なら、いままで5分かかっていたものが3秒でダウンロードできる」という。確かに100倍のスピードだ。これは「3・9世代」と呼ばれた4Gのはしりのスピードが約100メガbpsなのに対し、5G最高速度の当面の目標が10ギガbpsとされていたからだ。

超高速大容量はまず、エンターテインメントの分野で実感されるだろう。私たちの扱う写真や動画など各種データ量は急激に増え続けていて、高速大容量が求められている。映画などのダウンロードはもちろん、対戦型のeスポーツ、さらには360度自由に視点を動かしてコンテンツを視聴できるVR（Virtual Reality＝仮想現実）などの世界で、進化を実感できるだろう。

4Gでは情報量に余裕がないため、上りより下りの性能を重視していた。ユーチューブや映画などの視聴には、そのほうが便利だからだ。しかし5Gでは大容量化のおかげで、上りの高速化も可能となる。この結果、4Kや8Kの高精細映像を送る際にも、いまほどストレスを感じることなく送信できるようになる。

これまで長いケーブルを延々とはわせなければならなかったゴルフ大会などのテレビ中継も、５G利用による無線化でより機動的な映像伝送が可能となるだろう。

データ送信の成功率１００％とリアルタイム性を実現する「超高信頼低遅延」

超高信頼とは、データ送信の成功率が限りなく１００％に近いことだ。

超低遅延は、情報がほとんど遅れることなく伝えられることをいう。「リアルタイム性」である。

超低遅延を実現する際のキーワードがＭＥＣ（Multi-access Edge Computing＝メック）だ。インターネットを経由して、コンピューティングサービスを提供することをクラウドという。その処理をなるべく利用者に近い側、つまりエッジ（端）で処理するのだ。データの折り返し点をなるべく近くにすることにより、データをやりとりする距離が短くなり、より低遅延が実現する。

具体的にいうと無線区間の伝送遅延は５Gの場合１ミリ秒、つまり１０００分の１秒で、４Gの10分の１となる。これにより何が可能になるのかといえば、高度な遠隔操作だ。自動運転やロボット操作で、タイムラグのほとんどない正確なオペレーションができるようになる。

例えば時速80キロで走行する自動車の場合、伝送遅延によって進む距離は、無線通信の条件だけで考えると、４Gの場合22・２センチだったのが、５Gになるとわずか2・2センチにとどまる。実際には画像の処理速度など様々な条件が加わるため、この数字どおりにはならないが、自動運転などの取り組みが進む自動車や宇宙航空分野で活かされるだろう。ただし、５G基地局を全国の道路沿線に整備するには時間がかかる。そこでまず、スマートファクトリー化を進める製造業、さらに建設や物流などの分野で5Gの導入が進むと見られている。

1平方キロあたり100万デバイスの接続が実現する「多数同時接続」

5Gが同時に接続できる台数は1平方キロあたり100万デバイスで、4Gの10倍となる。これも総務省の資料では現行LTEの100倍となっている。スマートフォンの利用者がいくら増えたといっても、そこまでの多接続は必要ない。ではどこで役に立つのかというと、産業界が注目しているのがIoTだ。

4Gなど従来の無線通信ではIoT化が進んでも、同時接続数の制限を超える大量のセンサーを接続するためには、複数のセンサーを接続するサブシステムの設置が必要となる。そのための設備投資や運用コストが必要だった。

これが、5Gを利用すれば手軽に大量のセンサーを接続でき、大幅に手間が省けることになる。5Gの多数同時接続を利用して、集合住宅やオフィスでは多くの電化機器を、また工場では多数の機械をネットワーク経由で簡単に操作できるようになる。

ここで「ネットワークスライシング」を紹介しておこう。5Gになって登場した、ネットワークを仮想的に分割する技術である。例えば高精細映像の動画配信は、超高速大容量が求められる。自動運転は、データ容量はそれほど大きくはないものの、超高信頼低遅延が求められる。IoTは、デバイス一つひとつのデータ量は少ないが、膨大なデバイスから情報を収集する。このように様々な場面で使われるアプリケーションごとに、必要な仮想ネットワークを柔軟に構築する技術である。

5Gではネットワークスライシングが標準仕様に導入されたことで、新しいサービスに柔軟に対応できるようになった。

5Gは様々な業界や業種で、DX（デジタル・トランスフォーメーション）のプラットフォームになると期待されている。デジタル技術を使ったビジネスモデルの変革につながるというわけだ。かつて新幹線や高速道路の開通が日本経済に果たした新しい産業基盤としての役割を、次は次世代通信システムである5Gが担おうとしている。

5Gをめぐる世界の状況

次に５Ｇをめぐる各国の様子を見てみたい。

ＩＴ化を国の政策として進めている中国の特色

アメリカと韓国で５Ｇの商用サービスが始まったのが、２０１９年４月だ。両国の通信会社は「世界初」のサービス開始を目指して互いに開始日時を前倒しし、サービス開始直後に「米国と韓国の通信大手がそろって『世界初の商用化』を宣言する異例の事態」（２０１９年４月４日付け日本経済新聞）が起きたりもした。

ドイツは２０１９年９月に商用サービスを開始した。中国はやや遅れて同年11月に開始した。

注目すべきは、ほとんどの国ではまずＮＳＡでサービスを開始しているのに対し、中国では最初からＳＡで５Ｇを展開していることである。超高速大容量、超高信頼低遅延、多数同時接続の５Ｇをただちに体感できるのだ。これは国の政策としてＩＴ化を重点的に進める中国ならではの特色だ。

中国の人民日報が運営するウェブメディア「人民網」（日本語版）は、「中国国内ではすでに５Ｇ基地局72万ヵ所近くが開通し、世界の約7割を占める」「中国国内の5Gプラン契約者は3億2千万人を超えた」（2021年2月24日付け）と伝えている。

ひるがえって「世界初」のサービス開始を競った韓国では、「『遅くてつながらない』5Gは政治問題化しつつある」（2020年10月30日付け日本経済新聞）と報じられている。「サービス開始から一年半がたつのに、今もつながるエリアが限られ、売り物の『超高速』をなかなか体感できない。期待を裏切られた消費者がLTEに回帰している」というのだ。記事は「韓国の5G離れは長い目でみれば一時的な現象だろう。しかし5Gへの期待値が下がれば、そのプラットフォーム上で動くサービス開発も低調にならざるをえない。通信3社は5G投資を加速し、消費者の不満を一刻も早く解消すべきだろう」とまとめている。他山の石とすべきだろう。

このように世界的に見れば一時的に揺り戻し的な動きはあるものの、5Gに対する期待は大きなものがある。

「デロイト トーマツ ミック経済研究所」が2020年11月に発刊した国内の5G基地局市場に関するマーケティング資料によると、2021年度から2025年度まで移動体通信4社の累積投資額は9兆円規模で、そのうち5Gの新規帯域向け投資額は3兆1200億円に上ると予想している。

スウェーデンの通信機器メーカー「エリクソン」が2020年11月に発表した「モビリティレポート」によると、世界のモバイル契約数は2020年で79億件なのが、2026年には88億件になると予想している。このうち5G契約は、2020年で2億2000万件なのが、2026年には35億件に増加し、全加入契約の40％を占めると分析している。これを人口カバー率で見ると、2026年には世界人口の60％をカバーする見込みとなる。

日本でも世界でも協業が推進されている

新型コロナウイルスがパンデミック（世界的大流行）を引き起こし、経済活動は停滞したが、その一方で感染防止に効果のあるリモートワークは急速な発展を見せ、5Gに対する注目度も高まっている。

こうした事態を予測していたかのように、世界の巨大テック企業は、通信の分野で協業を強めている。例えばアメリカのフェイスブックは2016年にTIP（テレコム・インフラ・プロジェクト）を立ち上げている。「TIPは、今では世界で参画企業・団体が五〇〇社以上に広がっている。英ボーダフォンやスペイン・テレフォニカ、独ドイツテレコム、NTTなど世界の大手通信事業者も積極的に取り組むほか、新興メーカーが続々と参入。汎用ハード、ソフトを組み合わせて通信機器を構成できる製品も次々に登場している」（2020年3月12日付け日経産業新聞）。通信機器や基地局の共同開発も進めており、30億人の利用者がいるといわれるフェイスブックはネットワーク領域で活動を広げている。

日本でも政府や自治体、大企業を中心に、有望なベンチャー企業を発掘してパートナー連携をする協業の取り組みが盛んになってきている。

次章からは、移動体通信各社が独自に展開する事業をはじめ、ベンチャー企業や自治体と協業して新しい領域を開拓する取り組みなどを具体的に紹介していくことにしたい。

第2章 ダイバーシティの実現と地方創生の可能性

INTRODUCTION

全員が対等の立場で対話をするための装置作り

2020年はアメリカで、白人警察官の残虐行為により無抵抗なアフリカ系アメリカ人が死亡した事件をきっかけに、〝Black Lives Matter〟運動が全米に広がり、さらには世界を揺り動かした。

2021年には、東京オリンピック・パラリンピック組織委員会会長による女性蔑視発言が社会問題となり、元首相の会長が辞任した。続いて、開会式に出演予定だった女性タレントの容姿を侮辱した開会式責任者が、やはり辞任した。皮肉なことに東京オリンピック・パラリンピック公式ホームページでは「大会ビジョン」として、「人種、肌の色、性別、性的指向、言語、宗教、政治、障がいの有無など、あらゆる面での違いを肯定し、自然に受け入れ、互いに認め合うことで社会は進歩」と、高らかに宣言している。

これを一言で表すと「ダイバーシティ」だ。一人ひとりが違うということをお互いに認め、尊重するということだ。ではそれをどうすれば実現できるだろうか。

情報格差がなくなり、一人ひとりがどこにいようと、みんなと平等につながることができる世界が実現すれば、ダイバーシティに一歩近づくだろう。それは東京一極集中に対するアンチテーゼともなり、地方創生にもつながる。

そのためには、全員が対等の立場で、オープンに対話や議論ができるための装置作りが必要となる。そのとき、5Gの特性をうまく活かした新しいコミュニケーションのツールが役に立つと思うのだ。本章では、その具体例を紹介したい。

最初は、日本海側の小都市と東京の渋谷を5G環境で結んで双方の子どもたちが交流した取り組みである。東北の大学と東京のスタジオを5G環境で結んだ遠隔教育の取り組みにも注目していただきたい。

2-1 兵庫・豊岡に世界の舞台芸術関係者が集い始めた理由

世界で活躍するダンサーによる「オンライン・ダンス・ライブショップ」

２０２０年12月20日、日本上空に居座った強い寒気の影響で、兵庫県北部の豊岡市は、朝からみぞれまじりの雪が降る寒い一日となった。そんな悪天候にもかかわらず、市内の温泉街、城崎(きのさき)温泉の一角にある「城崎国際アートセンター」（以下、アートセンター）には、朝早くから若い人たちや家族連れなどが次々と詰めかけていた。もちろん、万全の新型コロナウイルス感染症予防対策をほどこした上でのことである。

この日はＫＥＮＴＯ ＭＯＲＩ（以下、ＫＥＮＴＯ）による「オンライン・ダンス・ライブショップ」が開かれるのだ。「オンライン」ということは、ビデオライブのように本物はいないのかと思いきや、そうではない。本人はこの日、実際に会場に来ている。

アメリカを拠点に活動する日本人ダンスアーティストのＫＥＮＴＯは、マドンナやチャカ・カーンなど超一流歌手の専属ダンサーとして活躍し、日本ではＳＭＡＰの振り付けも手掛けるなど、日本内外で活躍するトップアーティストだ。２０２０年からは、身体につけた多数のセンサーでダンスの動きをリアルタイムにデジタルデータ化する「モーションキャプチャー」、それにＡＲ（Augmented Reality＝拡張現実）の技術をあわせて使い、従来のライブ配信とは一線を画したＡＲパフォーマンスも披露している。こうした最先端の表現活動に取り組む一方、ＫＥＮＴＯは日本の全国各地を訪れ、主にキッズを対象にしたワークショップも開いている。

20日のパフォーマンスでは、大ホールのステージ上に縦5メートル、横9メートルの大型スクリーンが設置され、ＫＥＮＴＯのパフォーマンスにあわせて、次々に変化する光の玉や波動をイメージした流麗な画像を合成する「ＡＲパフォーマンス」が披露された。リアルのＫＥＮＴＯはといえば、大型スクリーンの前で、華麗なダンスを披露している。もちろんＡＲ上のＫＥＮＴＯとまったく同じ動きをしている。

客席の観客は大喜びだが、遠く離れた東京でもＡＲパフォーマンスを楽しむ10人の小学生がいた。というのもこのイベントは、ＫＤＤＩがアートセンターに5Ｇ基地局を開局した記念行事として開かれたもので、5Ｇ対応スマートフォンで撮影されたアートセンターの映像は、東京の渋谷パルコ9階にあるスタジオに5Ｇを通じてオンライン中継されていたのだ。「オンライン・ダンス・ライブショップ」と銘打ったのは、そういう意味である。

アートセンターのホールには、ミリ波用とサブ6用のふたつのアンテナが設置され、ＳＡでフルスペックの5Ｇを利用できるようになっている。

イベント後半では、豊岡の7歳から11歳までの小学生14人がステージに上がり、ＫＥＮＴＯと一緒

城崎と渋谷をつないだ「オンライン・ダンス・ライブショップ」の様子（提供：KDDI）

にダンスパフォーマンスを披露した。

豊岡市は、コロナ禍で窮屈な生活を送っている子どもたちにアートに触れる機会を提供しようと、「ＴＨＥＡＴＥＲ豊岡」というプロジェクトを実施している。今回のダンスライブも、その一環と位置づけ、参加したい小学生を募集したのだ。子どもたちは前日に丸一日、ＫＥＮＴＯからダンスのレッスンを受けていた。中にはダンススクールに通ったことのない未経験者も５人いて、最初は身体の動かし方や表現の仕方に戸惑う姿も見られた。しかし親しみやすいＫＥＮＴＯの人柄に触れた子どもたちは、すぐにダンスに馴染んでいった。

東京の子どもたちも当日、豊岡のイベントにオンラインで参加した。彼らは全員、ヒップホップのスクールに通うダンス経験者である。パルコの館内にはすでに５Ｇ環境が整備されており、５Ｇ環境下で撮影した映像が、アートセンターの大型スクリーンに映し出された。

インタラクティブなダンスを実現するために

５Ｇを語る際のキーワードのひとつが「インタラクティブ」である。「お互いに作用し合う」という意味で、「双方向の」と訳される。その際、従来の技術では若干の問題があった。例えばテレビ中継で東京のスタジオから海外のリポーターに呼びかけたとき、タイムラグが生じてかけあいがぎこちなくなるくらいなら許容範囲だが、動きが揃っていないダンスとなると、見られたものではない。そこで５Ｇが威力を発揮する。５Ｇ基地局開局のオープニングイベントにあえて、ダンスの中継を選んだ所以である。

一般的なインターネットのライブ配信では、数秒から10秒程度の遅れが生じることが多い。ＫＤＤＩは事前に４Ｇスマートフォンを使って試したところ、映像に１秒前後の遅れが出た。それが５Ｇでは、最大で０・２秒にまで抑えられた。会場ではいくつか異なる方法での通信も試してみたが、５Ｇでつないだほうが、遅延が少ない結果となった。

「肉眼で見たとき、４Ｇだと明らかにズレてるという印象を受けます。これが５Ｇになると自然な感じで、２拠点で同時にアクションしても、違和感なく見ることができました」

そう語るのはＫＤＤＩ経営戦略本部の地方創生推進部に所属し、豊岡のイベントを担当したマネージャーの関田耕太郎だ。

豊岡と東京で、インタラクティブなダンスが実現できている。ＫＥＮＴＯがスクリーンに向かって「渋谷の子どもたち、どう?」と問いかけると、間髪入れずに反応が返ってくる。最初は東京からの呼びかけに、応え方がわからなくて、もじもじしていた豊岡の子どもたちも、慣れてくると東京の子どもたちと、自然にやりとりを楽しむようになった。

ステージを終えた子どもたちは、楽しそうに感想を口にした。

「最初はＫＥＮＴＯさんがやる通りに、間違えないよう踊ろうとしてたんだけど、そうでなくてもいいってことに気づいた」

ＫＥＮＴＯ自身が楽しそうに踊るのが、子どもたちに自然に伝わったのだ。

「本当に東京の子どもたちが目の前で踊っていたら、緊張したかもしれない」

ダンスのうまい子どもたちが実際に目の前にいるわけではなかったので「逆に緊張せずに踊れた」というのだ。これも５Ｇを活かしたオンラインイベントの効果だろう。

イベント終了後に行われたオンラインのトークショーで、ＫＥＮＴＯは５Ｇに秘められた可能性について熱っぽく語った。

「ぼくは出身が大都市ではなかったので、（多様なアートに出会える）機会がありませんでした。その思いがあるので、自分の休みを利用して全国でワークショップを行っています。しかしぼくの身体はひとつしかないので、もっとたくさんの人とつながりたいという意味で、限界を感じていました。そこに５Ｇというテクノロジーが入ることで、たくさんの人や場所を遅延なくつないでいけると実感しました。いままで１カ所でやっていたワークショップを同時多発的に、日本だけでなく、世界中とつなぐことができる。アートやエンターテインメントとテクノロジーとの掛け算が今後、一層重要なポイントになると思います」

世界の舞台芸術関係者の間で着実に浸透する豊岡ブランド

豊岡市は、東京23区を上回る広大な市域に、人口は２０１５年の国勢調査で約８万２０００人。市では、いまの傾向が続けば２０４０年には５万７０００人、２０６０年には３万８０００人にまで減少すると推計している。

高齢化も深刻で、65歳以上の高齢者は２０１５年で31・６％と、全国平均より５ポイントも高くなっている。将来的には２０４０年で42％、２０６０年では46％と、ほぼ半数が高齢者になるものとみられている。

こうした中、豊岡市は「大交流」をキーワードに、豊岡固有の歴史や風土を大切にしたまちづくりを模索している。市内には「外湯巡り発祥の地」として知られる城崎温泉や、「但馬の小京都」と呼ばれ、皿そばが名物の城下町出石（いずし）もある。野生のコウノトリの生息地としても知られている。いずれも豊岡の貴重な財産だ。コロナ禍以前は年間420万人以上の観光客が、日本内外から豊岡市を訪れていた。

そこで豊岡市が目指しているのが「小さな世界都市」だ。「人口規模は小さくても、ローカルであること、地域固有であることを通じて世界の人びとから尊敬され、尊重されるまち」だという。豊岡市ではその条件として、「自然との共生」「地域の伝統文化を守り、引き継ぐ」「優れた文化芸術の創造」などに加え、「多様性を受け入れ、支え合うリベラルな気風がまちに満ちている」「子どもたちが地域への愛着を育み、豊岡で世界と出会っている」ことをあげる。

豊岡市はその方策のひとつとして、2014年に兵庫県から移譲された「城崎大会議館」を全面改装し、前述したイベントの開かれたアートセンターとして活用を始めた。アートセンターは舞台芸術に特化した滞在型の制作活動拠点として、募集に応じて選ばれたアーティストに無料で提供される。一方のアーティスト側は、公開ワークショップや小中学校での交流プログラムなどを滞在期間中に無償で提供する。2019年度は世界20カ国から68件の応募があり、10件が採択された。2020年度も17件が採択されたが、残念ながらコロナ禍で一部実施は見送られた。

しかしこれまで滞在した内外のアーティストが豊岡で行った制作活動は、実際にそれぞれの分野で成果をあげている。豊岡ブランドは世界の舞台芸術関係者の間で着実に浸透している。

2020年には新型コロナウイルス対策に万全を期した上で、第1回「豊岡演劇祭2020」を実施した。

芸術家や観光の専門家を養成する「兵庫県立芸術文化観光専門職大学」も２０２１年、豊岡市内に開学した。常勤の教員には、岸田國士戯曲賞を受賞した劇作家の平田オリザ、バレエ界のアカデミー賞と呼ばれるブノワ賞を日本人としてはじめて受賞したバレエダンサーの木田真理子など、錚々たる顔ぶれがならび、本格的な演劇やダンスの実技を学べる公立大学として注目されている。

ＫＤＤＩはこうした豊岡市の発信力に着目し、２０１６年に地域活性化を目的とした包括協定を結んだ。ＫＤＤＩは豊岡を訪れる観光客の位置情報を分析して観光動態調査を行い、市側が的確な観光対策に役立てることや、前述の豊岡演劇祭などを支援してきた。

ＫＤＤＩの関田は、５Ｇ基地局の開設について次のように語る。

「豊岡市さんとはＩＣＴを活用した地域課題の解決で、何ができるだろうと議論させていただいています。こうした中、芸術による地域の活性化として、演劇祭などを世界に広めていくため、アートセンターに５Ｇを置こうと考えました。その社会的に意義があるお披露目会として、東京とつないだオンラインライブをやってみようという話になったのです」

オンライン・ダンス・ライブショップは、多様性を受け入れようとする地元の思いと、それを支える新技術というふたつの要素が出会って、はじめて成り立ったイベントだったのだ。

５Ｇ基地局は専門職大学にも設置される予定である。豊岡市大交流課で課長を務める谷口雄彦（たけひこ）は、

5Gの可能性について「正直申し上げると技術が先行していて、その技術を何に活かせて、人の幸せにどうつながるのか、探している状況だと思うのです。いろんなアイデアが今後出てくる。そのとき、5Gがアーティストや学生の集う場所にある。そこに、すごく意味があると思います」と期待する。「コウノトリも住める街」から「アーティストも住める街」に変わりつつある豊岡市。現存する近畿地方最古の芝居小屋「出石永楽館」ではかつて、地元出身の代議士、斎藤隆夫が演説会をたびたび開き、館内は立錐の余地もないほどの超満員だったという。斎藤は戦時中に軍部批判の「粛軍演説」を行って代議士を除名された、気骨の人である。言論を大切にする歴史のある街で、5Gがどう活かされていくのか、楽しみである。

2-2 岩手県立大学で探る新しい授業形態

地方大学が直面している遠隔教育の課題

「学生さんたちはひと部屋に全員そろって、みんなでZoom（以下、ズーム）画面を見ながら講演を聞いているのですが、インタラクティブなやりとりができずに、従来の対面でやる授業ほどの効果がなくて困っていたのです」

そう語るのは、岩手県立大学ソフトウェア情報学部教授の堀川三好だ。新型コロナウイルス感染症の予防対策として、岩手県立大学も、2020年4月の新年度から対面授業をみあわせ、ズームなどのビデオ会議システムを利用した遠隔授業に追い込まれた。全国に出されていた緊急事態宣言は5月になって段階的に解除され、岩手県立大学では6月22日に対面授業の再開に踏み切った。

岩手県滝沢市に本部を置く岩手県立大学は、1998年に開学した比較的新しい公立大学である。日本百名山にも選ばれている名峰、岩手山を一望できるメインの滝沢キャンパスでは、4学部と各大学院の学生が学んでいる。教育面での特色は実務経験者も教員として多く採用し、実学を重視した実践的な授業を行っていることだ。

このうちソフトウェア情報学部は「コンピュータ工学」や「人工知能」など最先端の4コースで構成され、約50人の教員が所属しているが、それでも足りない講師陣を非常勤で外部に委嘱している。

「地方は第一線にいる人材が少ないということもあって、首都圏から非常勤でいろんな方に授業をしていただいたり、講演していただいたりしていたのですが、コロナで来ていただけなくなったのです」

そこでズームを使った講演に切り替えた。しかし、どうしても話を一方的に聞くだけになりがちだ。

「地方の大学ならではの、遠隔教育の課題がかなり出てきていたところでした。たまたまKDDIさんとの包括協定で、5G基地局を設置し終わるタイミングだったものですから、インタラクティブに学生と講師の方が、対面と同じぐらいの感覚でやりとりできるような授業形態を、この授業で最初にやらせていただけないでしょうかとお願いしたというわけなんです」

人材の育成に力を入れるKDDIとの連携協定

ICT（Information and Communication Technology＝情報通信技術）とは、最新の通信機器やサー

ビスを利用して人と人、人とモノ、人とインターネットがつながる技術をいう。例えばメールやＳＮＳ、ネット検索などが含まれる。

ＤＸとは、これからの時代に企業の競争優位性を確立するため、データとデジタル技術を活用して、製品やサービス、ビジネスモデル、さらには組織やプロセス、企業文化や風土を変革する取り組みである。

地域における問題解決の主役はＩＣＴやＤＸだと期待されている。問題は、地域にＩＣＴやＤＸを支える人材や企業が不足していることだ。地域人材を育成しようにも、セミナー開催の頻度がきわめて少ないなど、教育コンテンツが不足している。それではと、東京と同様のコンテンツ量を確保しようとしても、主催者や資金、講師役が不足する。東京からイベントを呼び込もうにも、講師やスタッフの移動時間とコストがネックとなる。

こうした課題に対処しようと、ＫＤＤＩでは地域における起業家人材や、ＩＣＴを支え、使いこなす人材の育成に力を入れている。そのための専門の部署として２０１９年には「地方創生」担当チームを、２０２０年には「地域創生推進部」を立ち上げ、各地域の担当者も決めてそれぞれ地域ごとのニーズをきめ細かく把握するとともに、最新情報の提供に努めている。前節で紹介した豊岡市との協定も、その一環である。

特に地域の教育機関には、ＤＸ時代のビジネスノウハウや最新のＩＣＴソリューションを提供することにしている。２０１９年には岩手県立大学を手始めに、福井高専、長野県立大学と連携協定を結んだ。翌２０２０年には長岡高専、仙台高専、東北大学などと協定を次々に結んでいる。

岩手県立大の堀川がＫＤＤＩの担当者に相談をもちかけたのは、こうした経緯があってのことだったのだ。

５Ｇのお披露目として オンラインで行われた講義の内容と成果

岩手県立大学ソフトウェア情報学部では毎年、「起業論」の講義を開講している。２０１９年度までは常勤の教員が担当していたが、ＫＤＤＩと協定を結んだ縁で２０２０年度は、ＫＤＤＩのベンチャー投資ファンド「KDDI Open Innovation Fund」（ＫＯＩＦ）立ち上げの中心となり、地方創生推進部の統括も担当している理事の松野茂樹が年度末に岩手県立大学を訪れて集中講義で担当することが決まっていた。ところがコロナ禍で緊急事態宣言が発令され、松野による対面授業が不可能な事態となった。ＫＤＤＩでは岩手県立大と協議の上、５Ｇ導入のお披露目として、オンラインで起業論を講義することにしたのである。

５Ｇの設備が設置された滝沢キャンパスの「協働学修室」は約１００人を収容できる、比較的広い教室である。堀川は、教室の電波状況を次のように説明する（なお、本書では無線ＬＡＮをＷｉ－Ｆｉと同義として扱う）。

「満室状態で全員が無線ＬＡＮに接続しようとすると、現状では電波が足りません。仮に部屋の無線ＬＡＮを増強しても、学内のネットワーク機器がフローでいっぱいになってしまってボトルネックとなり、他の授業にも支障が出ると思います」

そこで超高速大容量、超高信頼低遅延、多数同時接続の5Gが期待されるのだ。協働学修室の5Gは、ミリ波とサブ6のふたつのアンテナを備え、SA方式へ移行した際には、5Gの威力をフルに発揮できるようになっている。

一方、松野が講義する場所は、東京・虎ノ門にある「KDDI DIGITAL GATE」である。KDDIでは5G時代を迎えたビジネスのデジタル拠点として東京、大阪、それに沖縄の全国3カ所でKDDI DIGITAL GATEを展開している。もちろん、ミリ波、サブ6の両方を利用できる。

松野の授業は2021年2月、4日間にわたり90分授業を15コマ担当する集中講義として行われた。このうち岩手と東京の双方で5Gを使ったのは、KDDIの準備の都合で授業後半の2日間となった。

授業を受けたのはソフトウェア情報学部で学ぶ2年生以上の28人だ。授業では、前半の2日間で松野が、起業に向けたデザイン力や経営ノウハウ、ICTなど、求められる知識について紹介した上で、起業の実例を紹介した。さらに大企業に入社したとしても、将来的に経営が安定しているとは限らず、起業という選択肢も考えておく必要があるという時代背景も解説した。

5Gを使った後半の授業では、学生が7人ずつ、4つのテーブルに分かれてグループワークに取り組んだ。それぞれのテーブルごとに4Kカメラが設置され、学生の討論の様子が高精細な映像と音声で東京の松野に伝わるようになっている。学生側も4Kテレビで、講師の映像を見ることができる。

グループワークでは学生が1人ずつ、自分で考えた起業の事業計画を松野に説明した。学生は、5

G対応のルーターで無線接続された自分のパソコンを使って、ストレスなく資料を画面に表示しながらプレゼンテーションする。これに対して松野がアドバイスをし、さらに学生の質問に答えるというインタラクティブな形で進められた。指導教員の堀川は、松野が指導している以外のグループで学生どうしの討論をサポートしたり、松野と学生との短時間のやりとりでは説明の足りなかった部分を補足したりした。

「うちみたいにグループワークの授業が多い学部だと、5Gを使うだけで、やれる範囲がかなり広がるのです。いままでズームをひと部屋で30人つなぐなんていう発想はなかったのですが、それができるようになったのは大きいですね」

5Gの映像は途切れることもなく、音声もクリアだった。講師と学生の表情や仕草が鮮明な画像でリアルに伝わった。堀川の見たところ、最初は戸惑っていた学生もいた。

「隣の学生が同じサイバー空間にもいるし、リアルに隣にもいて、松野さんとやりとりしている。不思議な感覚で授業を受けていたと思います」

最終回のころになると学生も違和感なく画面に向かって話せるようになり、5Gを利用したオンライン授業にも慣れた様子だった。

グループワークの様子。画面には講義を担当するKDDI松野理事（提供：KDDI）

「インタラクティブに、みんなでワイワイガヤガヤやるという授業を遠隔でやる場合には、絶対に5Gが必須になると今回、認識したところです」

授業を終えた学生は「映像や音声がとてもきれいで講義を受けやすかったです」「映像のタイムラグがなく、快適でした」「5Gの伝える情報量の多さに驚きました」などと口にし、ハイスペックな5Gの性能に満足した様子だった。

教員と学生の双方で自由に授業の設計ができる

5Gの威力を目の当たりにした堀川は、大学の授業のあり方が変わるのではないかと推測する。

「今回の5Gを見て、今までの大学の授業形態を変えることができると感じました。例えばブログラミングの授業をオンデマンド型の遠隔授業にすると、学生は自分のペースで学習できます。しかしそれだけだと、不十分です。学生が迷ったときや困ったとき、助言したり指導したりする教員が必要です。隣の学生と相談する環境も、大学教育では絶対に必要です。そのとき無線ＬＡＮでは限界があります。しかし５Ｇ環境でやることができれば、授業の設計を教員側、学生側ともに自由にできるようになります。既存の制約がなくなった授業ができるようになると思います」

首都圏など遠隔地の人に講師を依頼する場合も、気兼ねなく依頼できるようになる。

「90分授業で東京から呼ぶとき、わざわざ来ていただくわけですから申しわけないので、まるまる90分授業していただいていました。これからは、最初の30分だけ５Ｇを使った遠隔授業でインタラクティブに話をしていただいて、残りの60分はそれを受けてグループワークで進めるプロジェクト型の授業のような、新しい授業形態も可能だと思います」

これだと授業をする側の負担もかなり減って、講師を引き受けてもいいという人も増えるだろう。

岩手県立大学は、はこだて未来大学、会津大学、それに室蘭工業大学の国公立４大学で協同して、学生によるプロジェクト型のチーム開発を授業で行っている。コロナ禍以前は持ち回りで年に１回は４大学の学生が集い、情報交換や発表会を行っていた。コロナ対策でそれがオンラインに変わったが、その限界を感じていたという。

「各大学がそれぞれ5Gを利用できるようになると、学生グループどうしの交流がより活発になると思います」

5Gを利用した遠隔教育に欠かせないリテラシー教育とは？

5Gを利用した遠隔教育の課題について、堀川はリテラシー教育の必要性を強調した。

「今回アントレプレナー（起業家）教育をソフトウェア情報学部でやって、教員側も学生側も、みんなそれなりに理解力があったから、割とすなおに受け入れられました。しかしうちには看護学部や社会福祉学部もあります。病院や福祉関係の現場を重視する教育で、いきなり5Gがポーンと入っても、学生も先生も戸惑うと思います」

大学の正式な授業で5Gを活用したのは、KDDIにとっても今回がはじめてのことだ。KDDI側で今回の取り組みを担当した地方創生推進部推進2グループマネージャーの齋藤良則は「現場に実習に行けないという課題があったとき、VRを使うという解決方法もあるとは思います。しかしそれが実際の現場経験になるのかどうかという観点もあり、今後、トライしていくべき課題と考えています」と話す。

齋藤はインタラクティブを実現するための技術的な課題についても言及した。

「複数のマイクとスピーカーでやりとりすると、どうしてもハウリングの問題が起きてきます。東京にいても、自然に〝あたかもそこにいる感〟を出せるかどうかが今後の課題です」

5Gを使うと、みんなでわいわいやっている雰囲気に近づけることができる。インタラクティブな授業に5Gは今後、必須の条件となっていくことだろう。

第3章 人びとの暮らしと社会を変えるスマートシティ

INTRODUCTION

スマートシティの最新事情と将来像

スマートフォンが爆発的にヒットしてから、ＩＴ関係で便利なものは何かと「スマート」という言葉が頭につくようになった。日本語でこれまで「スマート」といえば、「スタイルがいい」とか「洗練されている」という意味だが、スマートフォンの登場以降は「高機能」や「次世代」というニュアンスで、スマートという言葉が多用されている。スマートがついた、もっとも規模の大きなものが「スマートシティ」だろう。

スマートシティという言葉が社会で目につき始めたのは２０１０年ころである。試しに朝日新聞のデータベースで「スマートシティ」をキーワードに検索すると、２０１０年にはわずか3件だったのが、２０１８年には21件、２０１９年には44件、２０２０年には63件に増えている。

本章ではまず、スマートシティの全体像として、東京都港区の竹芝で展開されている「東京ポートシティ竹芝」を概観しながら、最新のスマートシティの特徴を紹介する。次に、スマートシティの各論として、最新の警備ロボットと、遠隔医療システムに注目してみた。最後にスマートシティの将来像として、都市のデジタルツインを見てみよう。

3-1 国際ビジネス拠点が創出される「東京ポートシティ竹芝」

初の都市型スマートシティは港区・竹芝で

ＪＲ山手線の新橋駅から、東京の臨海副都心へと向かう「ゆりかもめ」に乗って2駅目。竹芝駅で降りると、歩行者デッキを歩いてわずか2分で到着するのが東京ポートシティ竹芝だ。山手線の浜松町駅からも徒歩4分の距離である。

地上40階、地下2階のオフィスタワーと、地上18階建てのレジデンスタワーから成る、日本で最新の都市型スマートシティだ。下から見上げるオフィスタワーは堂々たる迫力だが、6階オフィスロビーまでの各階外側には、下の階に向けて徐々に面積を広げるスキップテラスが設けられ、緑に囲まれた憩いの空間を作り出している。4階には水田が設けられ、有機無農薬で稲を栽培することになっている。収穫時には、近くの保育園児を招待する予定だ。ハーブガーデンや、大きな水槽を使ったアクアテラリウムも設けられ、変化に富んだ豊かな景観に一役買っている。ベンチも多数作られ、コーヒーを片手に休憩するビジネスパーソンの姿や、ベビーカーを押して散策するお母さんの姿も見られた。

竹芝地区は1934年に竹芝埠頭が完成し、東京湾を望む海の玄関口として発展してきた。同時に、隣接する浜松町駅からモノレールで羽田空港と結ばれる空の玄関口でもある。JR東日本グループが開発したウォーターフロント「ウォーターズ竹芝」も2020年10月にオープンした。江戸時代の大名庭園として始まった旧芝離宮恩賜庭園もあり、自然と海を感じられる約28ヘクタールが竹芝地区と呼ばれる。その竹芝地区でランドマークとなった東京ポートシティ竹芝の完成に至る経緯を、ここで概観しておこう。

東急不動産とソフトバンクが進める「共創」

東京都では竹芝地区の都有地、都立産業貿易センターや公文書館の跡地を一体的に活用するまちづくりを推進することになり、コンペを経て2013年、東急不動産や鹿島建設などのグループが事業者として選定された。

2015年3月には内閣府の「国家戦略特別区域」、いわゆる国家戦略特区として都市計画決定された。国家戦略特区は産業の国際競争力の強化、および国際的な経済活動の拠点の形成に関して、総合的かつ集中的な推進をはかるため、いわゆる岩盤規制全般について突破口を開くものだ。竹芝地区のコンセプトは「テクノロジーを活かしたまちづくり」で、容積率などの規制が緩和された。

産業拠点形成の活動母体として発足したのが、一般社団法人CiP（Contents innovation Program＝シップ）協議会だ。メンバーにはソフトバンクをはじめ、情報通信メディアやエンターテインメント、テクノロジー関連の企業などが加わり、ロボットの活用をはじめ、テクノロジーをどう実装していけばよいのか、実証実験を重ねてきた。

ビルの竣工が見えてきた２０１９年１月、テナントとしてソフトバンク本社の入居が発表され、東急不動産はソフトバンクと竹芝でスマートシティを共創すると合意した。

２０２０年９月に開業した東京ポートシティ竹芝の敷地面積は約１・６ヘクタール。延床面積は約20万平方メートルで、東京ドーム４・３個分の広さになる。

東急不動産スマートシティ推進室長の田中敦典は「既成の市街地で、エネルギーの効率化などを目指すスマートシティの事例はありますが、都心で展開するまったく新しいスマートシティは我々がはじめてです」と、その意義を強調する。

一方のソフトバンクである。コア事業の通信事業だけではなく、新領域でもビジネスを拡大成長していこうという方針を打ち出している。そのひとつとして２０１７年にＤＸ本部を発足させ、最新のテクノロジーで社会課題の解決を目指している。ＤＸ本部第三ビジネスエンジニアリング統括部長の宮城匠は、業界横断的なプロジェクトが東京ポートシティ竹芝の特徴だと説明する。

「産業構造を変えていくという部分については、当社だけでは実現できない部分がございますので、共に創造する『共創』で進めています」

では、スマートシティとしての特徴を見てみよう。

最先端テクノロジーが導入された「都市型スマートビル」とは？

東京ポートシティ竹芝では、最先端のテクノロジーを活用した都市型スマートシティの実現により、新たな国際ビジネス拠点の創出を目指している。特にソフトバンクが本社を東京ポートシティ竹芝に移転したこともあって、5Gを含む最先端のテクノロジーが導入された、都市型スマートビルとなっている。

オフィスタワーは低層階に、店舗や展示室、ホール、スタジオなど多様な施設を備えている。リアルタイムデータと最先端のテクノロジーを活用することで、いま必要な情報を、働く人、訪れる人、住む人に提供する。例えばビル内の施設や飲食店、イベント、さらにはエレベーターの混雑情報を提供したりして、人びとが快適に行動できるよう支援する。災害発生時には、迅速な行動を促すという。

その仕組みはというと、ビル内に共用部分だけで、あわせて1000台以上のセンサーやカメラを設置して各種データを収集する。各階の天井、店舗入り口の真上、ドアのすぐ上などをよく見ると、小型で丸いセンサーや四角いセンサーが取りつけられている。大きさや形は、センサーが担う役割によってそれぞれ違っている。例えば人がいるかどうかを感知する人感センサーや、人の流れを検出する人流センサー、ドアの開閉センサー、エレベーター内の温度や湿度を測る環境センサー、ゴミ箱の堆積量センサーなどがある。

イスラエルのバイアー・イメージング社が開発した3Dイメージジセンサーも20台設置した。同社の

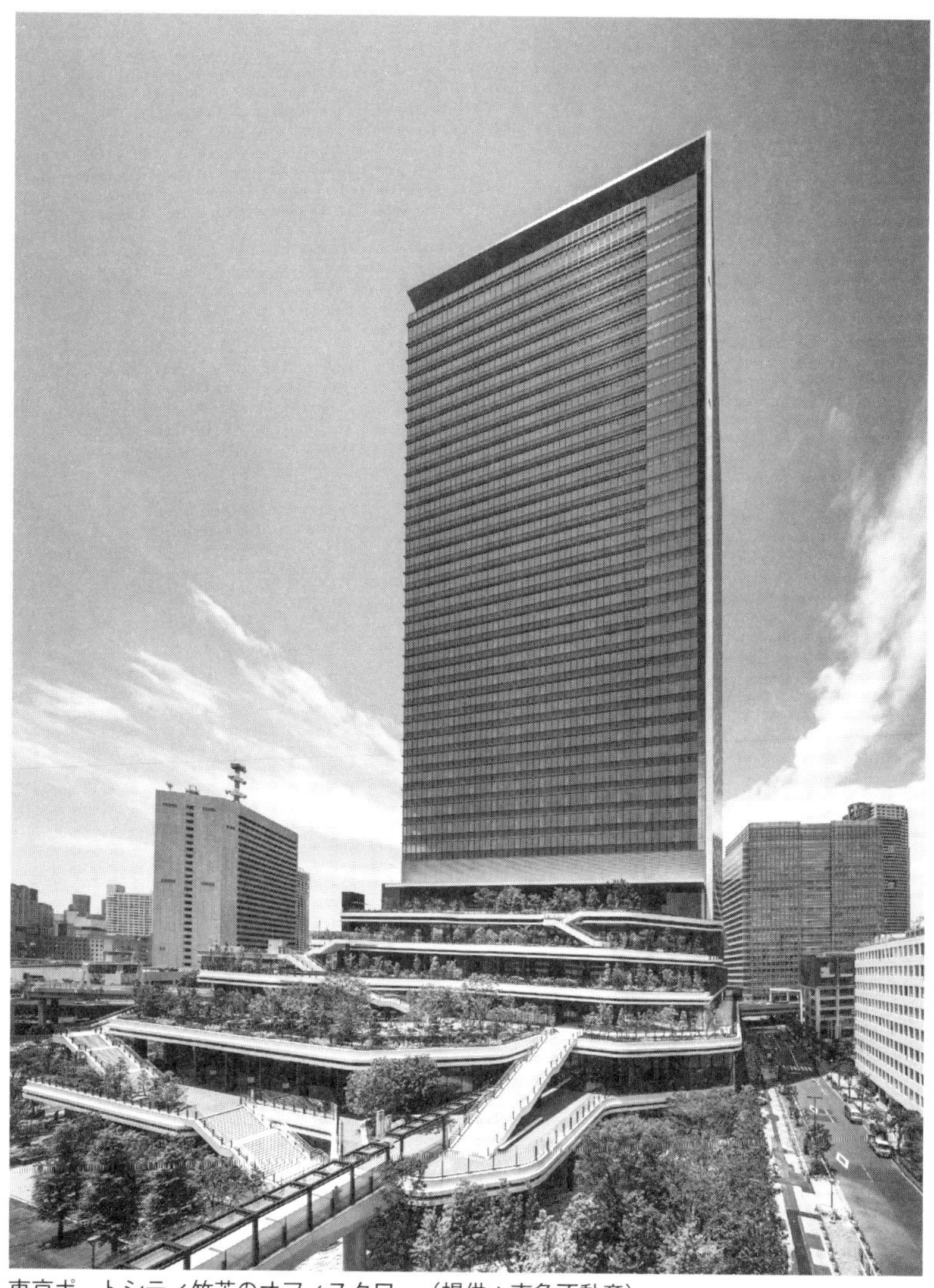

東京ポートシティ竹芝のオフィスタワー（提供：東急不動産）

センサーは、ミリ波レーダーで取得したデータをもとに、3Dイメージを作成する。人の位置を判別し、混雑状況を可視化する。これによりソーシャルディスタンス（フィジカルディスタンス）が確保できているか、確認することができる。その際、カメラと違って個人を特定しないため、プライバシーを確保できる。光の明暗の影響を受けないため、暗闇や煙、水蒸気の環境でも検知できる。ビルのエレベーターホールに設置され、エレベーター混雑状況の解析に利用されている。

カメラは、AI（人工知能）が搭載されたAIカメラを中心に設置され、店舗の空席情報やフリースペースなどの混雑度を可視化する。館内には映像解析のためのソリューションを導入し、性別や年代、人流を把握している。

無線LANのアクセスポイントも多数設けられている。

東急不動産によれば、同社が手掛ける最新のビルでは、監視カメラは設置するものの、各種センサーをこれほど大量に設置する例はほかにないという。全館に張り巡らされた各種センサーが様々な情報を収集し、集まったビッグデータはスマートシティプラットフォームに一元的に集約されて解析される。まさに5G・IoT時代のトップランナーだ。

3Dイメージセンサーなど各種センサーで可能になること

では情報をどのように活用しているのか、見てみよう。

まずオフィスタワーで働くワーカー向けには専用のアプリが提供される。エレベーターを利用したいとき、人流解析やエレベーターの混雑状況などをもとに、自分で指定した時刻より30分前の範囲内で、混雑が最も低くなるエレベーターの利用時刻がレコメンドされる。顔認証とそれぞれの勤務フロアの情報がエレベーターの運転と連携され、自分のオフィスまでハンズフリーの非接触で行くことができる。

さらに戸外にあるスキップテラスについて、休憩やランチで利用しやすいよう空き状況や天気、温度、湿度がスマートフォンに表示される。

一般の施設利用者向けには、館内約40カ所に設置されたデジタルサイネージ（電子看板）で、館内各所の混雑状況などが表示される。飲食店についてはＡＩカメラが出入りした客の人数をカウントし、店舗ごとの混雑率を表示する。さらに時間帯や周辺の店舗の混雑状況などを総合的に判断し、事前に決めたルールの条件に合えば自動的にサイネージやスマートフォンのアプリで割引情報が提供される。例えば午後4時から7時までの時間帯で天候が雨の場合、空いている店舗のクーポンを優先して自動配信したりする仕組みだ。これまではリアルタイムのデータを利用してクーポンを配信することは難しかった。ＩｏＴ時代ならではのシステムだ。

テナント向けには、日付や時間帯ごとの来訪者情報、フロアごとの来訪者情報などが提供され、マーケティングを支援する。

ビル管理者向けには、性別や年代別に分析した来館者数の計測、混雑度を判定する群衆解析など、膨大な施設内データを可視化し、効率的なビル管理とセキュリティの向上に役立ててもらう。

気になるプライバシーに関しては、現状では個人情報にあたるデータは保持せず、カメラで撮った人流データ等も、基本的には統計情報として処理するという対応をとっている。

ソフトバンクの宮城は「私たちがすでに持っている多種多様な情報があります。そうしたデータと、個人情報を含まないデータをリアルタイムに結合するだけでも、結構便利に使えるのです」と話す。バイアー社の個人情報を収集しないセンサーを利用することも含め、個人情報がなくても最先端のスマートシティは的確な情報分析ができるようになってきている。

その上で東急不動産の田中は「プライバシーに関わる各種データを、住民の権利を侵害することなく管理する仕組みを構築し、ある程度の個人情報を活用することで、そのメリットをきちんと提示できるようになれば、みなさんの理解を得て、そういった部分にも踏み込んでいきたい」と語る。

ＩｏＴと５Ｇで混雑を緩和するソリューションを

東京ポートシティ竹芝では、全館で５Ｇが利用できるようになっている。ソフトバンクの宮城はその意味を、次のように説明してくれた。

「通信キャリアの本社ビルに恥じない本社機能をもたせるという意味と、新しいビジネスを創造していくという観点から、全館に５Ｇを実装しています。法人のお客様向けの『エグゼクティブグリーフィングセンター』で、５Ｇの世界を体験していただける仕掛けも準備しています」

多数のＩｏＴデバイスを館内の必要な場所に配置し、そこから届けられる大量のデータをリアルタイムで処理していくためには、５Ｇが不可欠だ。

東京都と東急不動産、それにソフトバンクは竹芝地区全体の価値向上を目指している。そのため東急不動産とソフトバンクは、竹芝地区でSmart City Takeshiba（以下、スマートシティ竹芝）を推進している。その中で東京ポートシティ竹芝を「スマートシティ竹芝１・０」と位置づけている。その次は「スマートシティ竹芝２・０」だ。28ヘクタールの竹芝地区全域をスマートシティの街区として捉え、ＪＲ東日本をはじめ関係する事業者と連携して地区データを商圏分析や防災、混雑予想、そして次世代交通システムのＭａａＳなどに役立てることになる。さらに周辺のお台場や豊洲、芝浦、高輪ゲートウェイ、羽田空港などを含めた他地区と都市間データを連携する計画が「スマートシティ竹芝３・０」となる。

２０２０年7月、スマートシティ竹芝は、デジタルの力で東京のポテンシャルをさらに引き出そうという「スマート東京」の実現に向けて東京都が公募したプロジェクトに採択された。プロジェクトでは竹芝地区で収集する人流や交通の混雑状況など各種データをリアルタイムで様々な事業者が活用できるデータ流通プラットフォームの実現を目指す。さらに先端技術を活用したサービスを竹芝地区に実装することで、回遊性の向上や混雑の緩和、防災の強化などを実現するという。

宮城は今後の展開をつぎのように予測する。

「今後、街区に高精細な８Ｋカメラや、何千、何万というセンサーが設置された場合、超高速大容量で多数同時接続という特徴を持つ5Gが必要になってきます」

東急不動産の田中は、東京ポートシティ竹芝がひとつのショーケースになるという。

「東京ポートシティ竹芝のビルをみなさんに見ていただいて、周辺の大規模な施設にも同じようなソリューションやシステムを展開していきたいと思っています。ビル建物だけでなく、外部空間からも可能な範囲でデータを収集するため、地元の方々や行政、警察などの理解を得ながら進めていきたい」

田中は混雑の緩和や防災対策にもつなげたい考えだ。

「都市の大きな課題のひとつは、混雑によるストレスだと思います。様々なデータを活用して行動変容を促し、混雑をできるだけ緩和できるようなソリューションにつなげていきたい。防災の取り組みとしては、避難所を提示するだけではなく、避難所の混雑状況も把握し、避難所に向かうのに最適なルートを高齢者などそれぞれの特性にあわせて誘導できるようなサービスにつなげたい」

コロナ禍以前だったら、たくさんの入館者をそれぞれの目的とする場所に効率的に送り届けるため、例えばエレベーターには利用者をなるべく多く詰め込もうという発想だった。それが感染症対策でソーシャルディスタンスが求められるようになると、今度は一転して混雑緩和が求められる。スマートシティにおけるデータ活用は、そのどちらの局面にも対応できるのだ。

宮城は「新型コロナウイルス感染症対策として、人流などデータをしっかり取ってコントロールしていくことが求められています。その意味でもスマートシティの事業には追い風が吹いていると感じています」と話す。

世界と日本で加速するスマートシティの潮流

政府が２０１６年１月に閣議決定した「第５期科学技術基本計画」では、２０５０年頃のあるべき「超スマート社会」として、「Society 5.0」という言葉が登場した。

内閣府によれば、これまでの情報社会では、あふれる情報から必要な情報を見つけて分析する作業が負担であったり、年齢や障害などによる労働や行動範囲に制約があったりして、知識や情報が共有されず、分野横断的な連携が不十分という問題があった。「Society 5.0」で実現する社会は「必要なもの・サービスを、必要な人に、必要な時に、必要なだけ提供し、社会の様々なニーズにきめ細かに対応でき、あらゆる人が質の高いサービスを受けられ、年齢、性別、地域、言語といった様々な違いを乗り越え、活き活きと快適に暮らすことのできる社会」と定義された。

２０１８年６月に閣議決定された「未来投資戦略２０１８―『Society 5.0』『データ駆動型社会』への変革―」では「まちづくりと公共交通・ＩＣＴ活用等の連携によるスマートシティ」が打ち出された。

当初のスマートシティは、次世代送電網のスマートグリッドやエネルギーマネジメントに着目したエネルギー分野特化型が多かった。スマートコミュニティとも呼ばれた。やがて災害・非常事態対応型が登場し、観光や文化、スポーツに対応したレクリエーション型の事例も現れた。小規模なものはスマートタウンと呼ばれることもある。市街地機能を集中させるコンパクトシティが、スマート化を目指す事例も多かった。

これに対して最近のスマートシティはＩＣＴ、つまりデータ利活用を前提にした上で、環境、エネルギー、交通、教育、医療、健康など、複数の分野に幅広く取り組む「分野横断型」が増えている。それを下支えするのが次世代通信規格の５Ｇである。

国土交通省は「スマートシティ」を「都市の抱える諸問題に対して、ＩＣＴ等の新技術を活用しつつ、マネジメント（計画・整備・管理・運営等）が行われ、全体最適化が図られる持続可能な都市または地区」と定義する。ＩｏＴやＡＩなど最新のテクノロジーで、人口の高齢化や都市部への人口集中、地方の過疎化など様々な社会課題を解決しようとする取り組みといっていいだろう。複数の交通手段を組み合わせて、利用者にとって最適な移動を実現するＭａａＳもそのひとつだ。

別の切り口では、既存の都市をスマート化する既存都市改修型と、新たにスマートシティを作り上げる新規都市開発型がある。発展途上にある国では新規に立ち上げるスマートシティが多い。

海外では都市のスマートシティ化が進んでいる。世界的に有名なのが、スペインのバルセロナだ。無線ＬＡＮをＩＣＴの共通基盤とし、街中にセンサーを張り巡らしている。集まった駐車場やゴミ収集箱の空き状況などのビッグデータを統合システムに集約し、交通混雑緩和やコスト削減に役立てている。

アメリカのシカゴでは、都市環境に関するデータをリアルタイムで収集するプロジェクトが進んでいる。

イギリスではマンチェスターが有名で、医療や健康、交通や文化などに特化した取り組みが行われている。

中国の杭州では道路状況の可視化により、交通渋滞の緩和を実現している。

電子政府の先進国、エストニアでは、政府の提供するあらゆるサービスがオンライン上で完結する。

シンガポールについては、本章の第5節で紹介する。

そして日本では、トヨタが静岡県裾野市の子会社工場跡地で進めている、未来都市プロジェクト「Ｗｏｖｅｎ Ｃｉｔｙ」が関心を集めている。woven（ウーヴン）は「織られた」を意味する英語で、自動運転車専用道や歩行者専用道など様々なタイプの道路が網の目のように織り込まれる姿から命名された。トヨタの社員やプロジェクトの関係者が実際に生活する環境の中で、自動運転やＭａａＳ、パーソナルモビリティ、ロボット、スマートホーム、ＡＩなどの新技術やサービスを開発し、検証するサイクルを早く回すことで、新たなビジネスモデルの創出を目指している。

この他、国土交通省が２０１９年5月、スマートシティ事業の牽引役となる「スマートシティ先行モデルプロジェクト」を15件、選定した。千葉県柏市の「柏の葉スマートシティ」、静岡県藤枝市の「ふじえだスマートコンパクトシティ」、茨城県つくば市の「スマートシティ『つくばモデル』」などが注目されている。

スーパーシティの実現には無数のＩｏＴをつなぐ５Ｇが必須

２０２０年5月、国家戦略特区法の改正案が可決された。いわゆる「スーパーシティ法」である。スマートシティとどう違うのかといえば、スマートシティはエネルギーや交通などの各分野で先進技術を導入し、実証実験を進めている。これに対してスーパーシティは、各分野を横断するデータ連携基盤（都市ＯＳ）を軸にして、内閣府の言葉で「まるごと未来都市」をつくることを目指している。

スマートシティとの違いで核となるのが、あらゆるデータを集めて連携させる仕組みの都市ＯＳだ。もちろん最近のスマートシティも「分野横断型」だが、スーパーシティはそれ以上に様々な分野の改革を一体的に進めることを目指している。

具体像としては、「移動、物流、支払い、行政、医療・介護、教育、エネルギー・水、環境・ゴミ、防犯、防災・安全の10領域のうち少なくとも5領域以上をカバーし、生活全般にまたがること」「２０３０年頃に実現される未来社会での生活を加速実現すること」「住民が参画し、住民目線でより良い未来社会の実現がなされるようネットワークを最大限に利用すること」という3要素を満たすことが求められている。

こうして対象領域が広がれば広がるほど、無数のＩｏＴをつなぐ5Ｇがますます求められていくことになる。スマートシティ、スーパーシティと5Ｇは切っても切れない関係となってきている。

3-2 警備ロボットの開発を進めるスタートアップ

自律移動型ロボット「ＳＱ－２」

アメリカのＳＦ映画「スター・ウォーズ」に登場する人気ロボット「Ｒ２－Ｄ２」を、すぐに連想した。しかし、ずっとスリムで、小型ロケットのような形をしている。フロアを自在に動きまわる姿に、近未来的な機能美が感じられる。

東京のＳＥＱＳＥＮＳＥ（以下、シークセンス）が開発した警備ロボット「ＳＱ－２」に、私が対面したときの第一印象だ。高さは１３０センチで、小学校高学年の子どもくらい。本体の上部に、冠のように取りつけられた３個のレーザースキャナーが常にくるくると水平方向に回転することで三次元マッピングを行い、周囲の状況をリアルタイムで立体的に把握する。ＧＰＳを利用できない商業施設やオフィスビルなどの屋内を、スムーズに動き回ることができる。超音波センサーと組み合わせることで、夜間でも障害物を感知し、人や移動する物体を上手によけることが可能だ。

ＳＱ－２が担う主な役割は、巡回と立哨警備である。ボディ前方に高解像度カメラを搭載している

成田国際空港第３ターミナル内を巡回警備するＳＱ－２（提供：成田国際空港）

ほか、３方向につけられた魚眼レンズで常時360度の撮影が可能だ。

施設内を回って不審なものがないかどうか、消火器や消火栓、非常口やゴミ箱などの設備に異常がないかどうか、映像やセンサーで把握する。サーモセンサーが、肉眼ではわからない異常な熱源を感知し、火災対策にも役に立つ。あらかじめ施設内の巡回ポイントを設定しておくと、誰かが操縦するのではなく、ＳＱ－２が自分で障害物をよけながら最適なルートを判断して巡回する。「自律移動型ロボット」と呼ばれる所以である。バッテリー残量が少なくなると、家庭用のロボット掃除機のように、自分でドックに帰還して充電する。

人間の警備員は防災センターに待機して、ＳＱ－２から送られてくる情報をチェックする。ＳＱ－２はスピーカーとマイクを搭載しており、防災センターにいる警備員がリモートで、ＳＱ－２のいる現場の人と会話することも可能だ。

狭い通路やオフィスで、通行人をよけながら自律移動できる稀少な存在

商用としての運用開始は２０１９年８月で、三菱地所が東京大手町の超高層ビルにＳＱ－２を導入した。２０２０年２月には、ＮＡＡ（成田国際空港）が第３ターミナルで、ＳＱ－２を採用した。利用月額は１台約30万円である。ＮＡＡは「警備ロボットの導入にあたり、ロボットが占める足回りの面積が小さく、人込みや狭い通路等での機動性が高い点を評価した」と述べた上で、「人とロボットの力を融合させた、より高度で効率的な館内警備を実現する」と、ＳＱ－２に期待する。

前節で紹介した東京ポートシティ竹芝にも、ＳＱ－２は採用されている。東急不動産スマートシティ推進室長の田中は「デザインが非常にスマートで、警備ロボットに見えないのが、我々の第一印象として非常に良かった。スペック的にも３６０度カメラの搭載やエレベーターとの連携、経由場所を指定するマーキングがなくても運用可能などの点を、総合的に評価しました」と語る。

そもそも自律移動という技術自体は、以前から研究されてきた。例えば工場内に引かれた白線を目印にロボットが移動する技術は、すでに実用化されている。自動車では、高速道路などの限定された区間内では自動運転が実用化の段階に入っている。しかし一般道を含む完全な自動運転の実用化はまだ遠いのが現状だ。それと同じで、ロボットのために特別に整備されてはいない環境の中で、自律移動を実現しているロボットは、海外を含めてまだ数少ない。しかも狭い通路やオフィスで、通行する人たちをよけながら自律移動できるロボットとなると、ほとんど他に見当たらない。だからこそ、日

本を代表する企業が、ＳＱ－２を導入しているのだ。

不審者や不審物の対応については、やはり人間の判断が求められる。何が「不審」なのかを判断する機能はまだ、ＳＱ－２に搭載されていないからだ。しかし「本来は誰もいない場所や時間に誰かいたり、何かあったりしたら防災センターに知らせるという決まりを作ることで、対処は可能」と、シークセンス代表を務める中村壮一郎は言う。

「いまは人間が判断してやっていますが、必要性の優先順位をつけて、ＡＩのチームがしっかりと作り込んでいくよう、準備を進めています」

２０１６年に「ロボットの開発」で起業したふたり

シークセンスを創業したのは、明治大学理工学部教授の黒田洋司と、中村のふたりである。

このうち１９６５年生まれの黒田は、少年時代から船や飛行機が大好きで、大学では工学部で船舶海洋工学を専攻した。大学院で水中ロボットの研究に携わったことから、ロボットの設計や開発に取り組むようになった。その後、アメリカのマサチューセッツ工科大学で客員准教授を務めたり、ＪＡＸＡ（宇宙航空研究開発機構）で小惑星探査機「はやぶさ」プロジェクトに携わったりする中で、起業を意識するようになった。

「大学では、何回失敗しようが、成功率が低かろうが、理論を証明できればよい。しかしロボットの産業化は、時代の要請なのです」

そこで黒田の考えたのが、起業だった。黒田の専門は、移動ロボット工学である。自分で作ったロボットが、世の中で実際に使われるようになってほしいという思いもあった。黒田は、東京のシステム開発大手、TISと自律移動型ロボットに関する共同研究プロジェクトをスタートさせ、起業に向けた準備に入った。そんなとき、声をかけたのが、かねて個人的に知り合いだった中村である。

1977年生まれの中村は、大学時代にアメリカンフットボール部の主将を務めたこともあるスポーツマンだ。大学卒業後は、大手都市銀行や外資系証券会社のニューヨークオフィスに勤務したあと、コンサルタントとして独立した、財務や経営のスペシャリストである。技術関係は専門外で、最初は「ロボットには全然興味がなかった」という。しかし黒田と話をするうちに「汎用性が高くて、とてもおもしろそう」な事業だということがわかってきた。2016年10月、ふたりでシークセンスを創業し、中村が代表に就いた。社名はseek（能動的な「探索」）とsense（受動的な「感覚」）をかけ合わせた造語である。

警備業界にチャンスを見出した

日本の人口は2008年の1億2808万人をピークに、減少に転じた。首都圏などでは人口の増加が続いているが、東京都人口統計課の予測では東京都の人口も２０２５年をピークに減少に転じると見られている。

その一方で、増加の続く65歳以上の高齢化率は２０１８年のデータで28・１％と、世界第１位である。アメリカの15・８％や中国の11・２％のはるか先を走っている。国立社会保障・人口問題研究所の「日本の将来推計人口」によれば、２０６０年の人口は８６７４万人で、ピーク時から４１００万人以上も減少し、高齢化率は38・１％にも達すると見られている。日本の少子高齢化は、驚くべきスピードで進行している。

こうした状況を踏まえて中村が提唱したシークセンスのミッションは「世界を変えない」。世界をより良く変えることよりも、いまは世界を変えないことのほうが喫緊の課題だと中村は考える。

「社会が急速に縮小する中で、いま私たちが享受している豊かさや平和を、次の世代にどのように残していくか。そのために我々は、生産の効率を上げることにフォーカスすべきだと考えました。ロボットが戦う敵は〝深刻化する働き手不足〟なのです」

最初にどの分野から参入していくべきか。ふたりが着目したのが、人手不足が特に深刻な問題となっている警備の仕事だった。厚生労働省がまとめた全国平均の有効求人倍率を見ると、シークセンス創業直後の２０１６年12月で、全職業の平均が１・36倍なのに対し、警備業界は７・22倍と、きわめて高い状態にあり、しかも年々上昇している。これほど売り手市場なのに、人が集まらないのはなぜか。

理由のひとつは、警備員の給与水準が低いことだ。中小零細企業が大半を占めることもあって、全職種平均の3分の2以下にとどまっている。警備員の大半を占める契約社員は、勤続年数が増えても、給与は増えないことも多い。さらに労働時間が全産業平均に比べて月平均で20時間以上も長く、夜勤も多い。昼夜逆転の生活も珍しくない。加えて労働災害の件数も、全産業では減っているのに、警備業では逆に増えている。夜間に長時間で低賃金、しかも危険な労働環境となれば、警備員不足が深刻化しているのもうなずける。

そこで期待されるのが、ロボットの導入だ。ロボットなら充電とメンテナンス以外は24時間、365日働き続けることができる。大規模施設の増加で警備を担当するエリアが拡大し、チェックポイントが多くなると、人間の警備員には肉体的にも精神的にも負担が増す。ミスも生まれる。しかしロボットなら、決められた仕事を確実にこなすことができる。警備の仕事の中でも〝機械的〟な部分は、機械に任せたほうがうまくいくのだ。

しかも「東京ビルメンテナンス協会警備防災委員会」が2019年にまとめた「人材不足対策調査研究 警備ロボット調査研究報告書」によれば、会員アンケート調査で「何らかの形で警備ロボットを導入している」と回答した会社はわずか1・4％にすぎなかった。この分野はまだ手つかずの状態で、ビジネスチャンスは大きい。

ロボットならではの仕事を追求するために必要なこと

５Ｇの利用可能エリアがまだ限定的なため、現行のＳＱ－２は５Ｇに対応していない。次世代機以降の対応となる。５Ｇについて黒田に聞くと「回線が太くなることは良いことです」と期待する。

「ＳＱ－２から大容量のデータを送付し、逆に防災センターからは画像を解析して判断し、指示を出す。これをクラウドで処理するとき、５Ｇは非常に重要になります。データ量が大きければ大きいほど、速ければ速いほど、いろいろなことができるのです」

大量の情報を処理するデータセンター、電力や水道などライフライン関連施設をはじめ、24時間監視が必要な施設は増え続ける一方で、減ることはない。そこでは大量の情報をＳＱ－２が扱うことになる。５Ｇ時代になれば、その処理が容易になるのだ。

ただし、５Ｇを含めた通信が使えない場合も想定しておく必要がある。

「建物の隅など、通信状態が悪くなったり、途絶したりする場所がある限り、ロボットは通信できない環境でも動けるようにする必要があります。例えば通信状態が悪くなった瞬間、子どもが飛び出してきても、きちんと止まらなければなりません。すべてをクラウド化するのではなく、ロボット本体に相応の機能や能力を残さざるを得ません」

基本的な自律移動に関しては、通信できなくても機能しなければならない。「公道での利用は、現在はまだリスクが高すぎると考えており、ずっと先の課題です。しかし建物の外構部くらいなら、近く対応できると思います」

ＳＱ－２は警備ロボットだが、シークセンスの事業は警備ではなく、自律移動型ロボットの開発と提供である。中村は「新しいマーケットを創っていくことを、次のステップ」として考えている。

「ロボットならではの仕事を追求します。例えば製造業や流通業、倉庫業などでは、決められたライン上の移動ではなく、自律移動を活かしたより効率的な処理が可能となります。清掃ロボットも、自律移動でより適切な作業ができるようになります」

「旧態依然」という言葉がある。何も「変わらない」というネガティブな意味で使われる。これに対して「世界を変えない」というシークセンスのミッションは、ポジティブだ。「変わらない」ではなく「変えない」ために、シークセンスならではの本質的な価値が生み出されている。５Ｇを活かした自律移動の今後の進展に注目したい。

3-3 セコムが進める「バーチャル警備システム」の可能性

１９６６年、機械警備をいちはやく導入した

続いて紹介するのは、警備業界最大手のセコムだ。１９６２年に日本初の民間警備会社「日本警備保障」としてスタートしたセコムは、２年後に開かれた東京オリンピックで選手村の警備を担当して注目を集めた。オリンピックの翌年に始まったテレビドラマ「ザ・ガードマン」は、高い視聴率で人気を集めたが、セコムは番組に登場する警備会社のモデルとして番組制作に協力し、その名を広く知られるようになった。ちなみに社名はsecurity（安全）とcommunication（コミュニケーション）をかけあわせた造語である。

そのセコムが、人的警備だけでは多くの警備員を擁することになり発展が望めないと考え、１９６６年にいちはやく導入したのが、日本初のオンライン・セキュリティシステム「ＳＰアラーム」だ。契約先に防犯・防火センサーを取りつけ、電話回線を通じてセコムが24時間遠隔監視し、異常を感知すれば、警備員が駆けつける仕組みである。

このように夜間に無人となる店舗やオフィス、さらには住宅などにセンサーを設置して警備するシステムを「機械警備」という。人間の警備員は、必要とされる場面にのみ対応するサービスモデルだ。セコムはＳＰアラームを手始めに、ガラス破壊センサーや赤外線センサーなどを使った機械警備を次々と世に送り出してきた。ミスタージャイアンツこと長嶋茂雄が「セコム、してますか？」と問いかけるＣＭ効果もあり、機械警備の代名詞としてセコムの名は広く浸透している。

それでも、警備員の配置が不可欠だとされている場所がある。それは、多くの人が往来する、昼間のエントランス空間やビルの受付などだ。訪問者に対する案内や誘導などコミュニケーションが求められると同時に、状況によっては臨機応変に対処する必要もあり、人間による対応が求められてきたのだ。

人間による対応が求められてきた領域で投入される「バーチャル警備システム」とは？

そんな、人間にしか対応できないとされてきた領域で、セコムが新たに投入しようとしているのが「バーチャル警備システム」である。２０１９年４月に発表されたプロトタイプは、高さ約２メートル、幅約１・１メートル、重さ約１３０キロの大型ディスプレイに、大人とほぼ等身大の３Ｄキャラクターが「バーチャル警備員」として現れる。

バーチャル警備員は録画映像ではない。周囲の様子を、映像情報や距離画像情報などでセンシングする。それを解析、判断した結果により、自律駆動し、バーチャル空間で警備員として振る舞うので

バーチャル警備システムの館内活用（提供：セコム）

ある。表情は、勤務中の警備員に求められる印象をベースにしているが、にこやかだったり、きびしめだったりと、状況に応じて様々に変化する。こうした一連の工程は「バーチャルロボット技術」と呼ばれている。

バーチャル警備員はセコムの制服を着用し、男性警備員の「衛（まもる）」と、女性警備員の「愛」を、場面に応じて切り替えられるようになっている。ちなみに名前の由来は、字を音読みして衛（エイ）＋愛＝ＡＩだ。その名の通り、バーチャル警備システムにはＡＩが搭載されている。

本格的な開発が始まったのは２０１８年春だが、その背景にあるのは、ＡＩ技術の急激な進展だ。加えて、ＶＲの技術を利用したゲームなどが人気を呼び、バーチャルな存在が広く受け入れられつつあるという社会状況もあった。

ディスプレイには、特殊ミラーの反射で周りの風景も映し出され、その中に溶け込んだバーチャル警備員は立体的で、かなり目立っている。

セコムによれば、ＡＩを活用して警備や受付業務を行うバーチャル警備員は、世界初の取り組みである。

人間の代わりにバーチャル警備システムが担う「３つの機能」とは？

バーチャル警備システムは、これまで人間の警備員が行ってきた３つの役割を果たすことができる。

ひとつは、定められた場所を監視する「警戒監視機能」だ。バーチャル警備員は顔と視線を向けて、人びとの行動を追いながら、周囲を監視する。開発を担当した企画部担当部長の長谷川精也は、その犯罪抑止効果を強調する。

「立哨業務においては『その場に人がいる』という実在感そのものが、大きな意味を持ちます。そこで、正面の一点を見据えるのではなく、人が横切ったときにはその人物に視線を向け、近づく人物には目を合わせ続けることで、周囲に対する『見せる警備』を実行します。変化に対応して動くので、警備員が本当にそこに立っているような存在感があり、犯罪の抑止効果が発揮できると考えています」

バーチャル警備員はアニメ風のデザインなのに、目配せしながら周囲を見回す仕草を見ていると、本当の人間のように思えてくるからおもしろい。

ふたつ目は、来訪者に対応する「受付機能」だ。ディスプレイ一体型ミラーには高性能の監視カメラが内蔵され、顔認証機能が搭載されている。ＡＩが相手を判断し、「いらっしゃいませ。ご用件をどうぞ」「○○様、お待ちしていました。担当者に連絡しましたので、ロビーでお待ちください」などと、コンピューターによる音声と動作で応対する。小さな子どもには、バーチャル警備員が腰をかがめて目線をあわせるようになっている。

もうひとつは「緊急対応機能」だ。急病人が出た場合などには集中監視センターに緊急事態発生を知らせ、常駐警備員が駆けつける。ディスプレイ一体型ミラーに地震や火災の情報などを表示することも可能だ。

開発にあたっては、かねてセコムと協業しているＡＧＣ（旧・旭硝子）が高反射率のディスプレイ一体型ミラー技術、ゲーム事業の経験豊富なＤｅＮＡがキャラクターデザインの原案と音声合成技術、ＮＴＴドコモが音声認識技術、そして５Ｇに関する技術や情報提供などで参加した。

バーチャル警備システムが実用化されれば、警備員の効率的な配置が可能となる。例えば、３階建ての施設で警備員を各階に１名ずつ、防災センターには２名を配置し、合計５名で運用している場合、各階の警備員をバーチャル警備員に置き換えることで、人間の警備員は２名のみで対応できるケースもあると、長谷川は導入のメリットを説明する。人手不足に悩む大型の施設ほど、導入の効果は大きそうだ。

求められる警備内容によっては、バーチャル警備システムが設置されている複数の契約先を、契約先以外の場所にあるセコムの遠隔監視センターで集中的に監視することも可能だ。

セコムでは、今後もさらに内容の検討を重ね、近く商用化したい考えだ。料金は未定だが、立体型のロボットに比べるとパーツも少ないため比較的安価となり、人間の常駐警備員を雇用する場合に比べ、半額以下での提供を想定している。

「5G×バーチャル警備システム」で広がる利用空間

いまのところ、バーチャル警備システムは大量の情報を扱うため、有線ネットワークで接続されている。つまり、このバーチャル警備システムも、5Gによる進化が期待されている分野のひとつなのだ。

最大のメリットは、設置場所の制約がなくなることだ。特にオフィスビルのエントランスなどでは電源はあっても、美観に配慮して有線ネットワークを敷設できないことが多い。こうした場所で5Gのネットワークが確保できれば、最適な場所にバーチャル警備員を配置できるという、実用上の大きなメリットが生まれる。

5Gの超高速・大容量・低遅延の特徴を活かし、顔認証の精度向上や、来訪者とのスムーズなコミュニケーションが期待される。

セコムの遠隔監視センターと5Gで結べば、バーチャル警備システムの利用範囲はさらに広がるだろう。

５Ｇの商用サービスが２０２０年に始まったことを受けて、同年６月に東京のセコム本社で行われた５Ｇ接続の実証実験では、新型コロナウイルスに対する、新しい感染予防策をテストした。バーチャル警備員と熱画像カメラを連携させ、来訪者の体温チェックと誘導、マスク未装着者への着用のお願いを行う。37・5度以上の発熱がある来訪者を入館前に確認できるため、感染拡大を未然に防ぐ効果が期待できる。バーチャル警備員が来訪者の体温チェックを行うので、常駐警備員が直接体温チェックを行う場合に比べて来訪者、警備員双方の感染リスクも低減できる。

新型コロナウイルス感染症の予防対策として、在宅ワークが奨励されている。しかし在宅ワークができない仕事もある。特にエッセンシャルワーカーと呼ばれる人たちは、ウイルスに感染する危険をおかしながら、社会に必要不可欠な仕事をこなしている。そのひとつが警備の仕事である。人手に頼る部分が大きな労働集約型産業の典型といえる。今後はエッセンシャルワーカーに対する労働環境の改善が重要な課題となる。そのときロボット技術の活用は、一層注目を集めることになるだろう。

自律型飛行監視ロボット「セコムドローン」

５Ｇが期待されているのは、地上だけに限らない。空からの警備にも利用が広がろうとしている。そのひとつが小型無人航空機、いわゆるドローンだ。軍事用は固定翼タイプが主流だが、業務用や民生用では複数のローターで揚力を発生させて飛ぶタイプが一般的だ。

日本では航空法が改正され、ドローンが法律で定義された２０１５年が「ドローン元年」と呼ばれている。

セコムが、その3年前から開発を進め、航空法改正にあわせて発売したのが、格納庫からの発進、飛行、帰還、充電まで完全に自動で「巡回監視サービス」を行う自律型飛行監視ロボット「セコムドローン」だ。

4つのローターを持つドローンのサイズは、対角線で測ると約69センチ、重さ約2キロだ。機能としては監視カメラのほか、ＬＥＤライトを搭載しているため、夜間でもカラー撮影が可能である。そのほか加速度センサー、ジャイロセンサー、方位センサー、ＧＰＳ、測距センサーを搭載している。航空法上は最高１５０メートルの高さまで飛ばせるが、地上を撮影する場合の高度は画質を考えて3～5メートルに設定している。

サービスの対象は主に、郊外型店舗や工場、スーパーなど比較的規模の大きな施設で、東京ドームふたつ分くらいまでの広さを想定している。あらかじめ決められた時刻、もしくは警備室に設置したドローン監視卓からの遠隔操作で、セコムドローンが発進すると、事前に設定した経路と速度、高度、それにカメラの向きで敷地内を自律飛行する。ドローンが撮影した映像は無線ＬＡＮで伝送され、リアルタイムで上空からの映像を確認することができる。ドローンの飛行に関する制御用信号の通信は、免許を必要としない「特定小電力無線」を利用している。

セコムはドローンによるサービスとして、ほかにも「侵入監視サービス」を提供している。契約先の敷地内で不審な人や車をセンサーが感知すると、発進したセコムドローンが上空から接近し、車のナンバーや車種、ボディカラー、人の顔や身なりなどを撮影し、警備室に画像を送信する。

セコムドローンが撮影した巡回映像。屋上などの死角もチェックできる（提供：セコム）

セコムドローンの導入先は、セキュリティ上の制約もあり公開されていないが、唯一リリースされているのが山口県美祢市にある「美祢社会復帰促進センター」だ。ここは官民協働で運営する日本で最初のＰＦＩ（Private Finance Initiative）刑務所である。受刑者の早期社会復帰を促すため、できるだけ一般社会に近い環境で運営されている。センター内に鉄格子はなく、開放的な雰囲気だ。そこで、監視の目を光らせているのがセコムドローンというわけだ。

上空からの監視で、固定カメラのみの監視と比べて死角が大幅に減り、屋上など危険な場所のチェックも容易になった。開発を担当したサービスロボット開発グループ統括担当ゼネラルマネージャーの尾坐幸一に、実績を聞いてみた。

「守秘義務があるので、具体的にはお答えできませんが、成果は上げています。ドローンのＬＥＤライトの強い光と、大きな飛翔音で、威嚇や抑止の役割も果たすと考えています」

この他にもセコムは、ＮＥＤＯ（国立研究開発法人新エネルギー・産業技術総合開発機構）で推進しているＤＲＥＳＳプロジェクト（ロボット・ドローンが活躍する省エネルギー社会の実現プロジェクト）にも参画している。２０１７年度から２０１９年度までの３年間、ＫＤＤＩや、産業向けドローンサービスを提供しているテラドローンと共に、警備用途の運航管理ステムを研究開発した。すでに実施されている実証実験では、複数のドローンを同時に飛ばすことで、大規模スポーツ施設やリゾート施設など広いエリアの監視を実現している。

具体的には、４台のドローンを使った実験で、２台は俯瞰ドローンとして高度数十メートルの上空に配置する。全体を監視する映像で、不審な人や車をＡＩが発見すると、低空を飛んでいる２台の巡回ドローンに位置情報が送信され、現場上空に急行するのだ。このようにドローンの利用範囲は広がっている。

花園ラグビー場で「４Ｋ映像×５Ｇ」のスタジアム警備を実施

セコムドローンにはまだ、高解像度の４Ｋカメラは搭載されていない。

一方、ＮＥＤＯの実証実験では、５Ｇを利用して４Ｋ映像を伝送するテストに成功している。２０１９年８月、東大阪市の花園ラグビー場で行われたスタジアム警備の実験では、ドローンのカメラや地上の監視ロボットが撮影した４Ｋ映像が、セコムの移動式モニタリング拠点に５Ｇで伝送された。４Ｋ映像は、ＡＩによる人物の行動認識機能で解析される。

従来のハイビジョンよりかなり高画質なため、ＡＩの判断は、いっそう的確になる。ちなみに４Ｋ映像の解像度は、現行ハイビジョンの4倍、８Ｋ映像は現行ハイビジョンの16倍である。

不審な行動が見つかった場合は担当エリアの警備員に通知され、早期に対処することが可能となる。尾坐が語る。

「セコムドローンはまだ高解像度カメラを搭載してないので、情報を取るためには物体に近づく必要があります。しかし、４Ｋや８Ｋのカメラを使うことができれば、上空数十メートルから百メートルの高さからでも、地上を詳細に監視することができます。これまでとは違った世界観のサービスを提供できる可能性があります」

「セコム気球」がドローンよりも優れている点

高解像度カメラの搭載が期待される、もうひとつのシステムが、２０１６年から運用を開始した「セコム気球」だ。最大高度は60メートルで、風速10メートルまで運用可能だ。ちなみにドローンの飛行は風速5メートルまでと、国土交通省のマニュアルで定められている。

移動が難しいかわりにドローンと比べて優れているのは、積載容量が大きい点である。４Ｋカメラはすでに小型化が進んでいるが、8Kカメラとなると、まだ重量が大きい。

高解像度カメラだけでなく、熱画像カメラ、対象物までの距離をカメラで測定するステレオ画像センサーなど、複数のカメラを搭載することもできる。しかも5Gなら、大容量のデータ通信ができる。雨や風などの悪天候にも対応でき、多面的な情報収集が可能となるという面で、セコム気球は期待されている。

「5Gを使った高解像度監視という点では、気球のほうが先に実現する可能性が高いですね」

ドローンや気球による上空からの警備は、認知症で徘徊する高齢者の発見に役立つ可能性もある。4K×AI×5Gが、すでに時代の流れとなってきている。

3-4 VR専門のベンチャーが建設業界を選んだ理由

「現実のオフィスを使う理由はまったくなくなる」という未来学者カーツワイルの予言

人工知能研究で世界的権威とされるアメリカの未来学者レイ・カーツワイルは、自著『The Singularity Is Near』（邦題『ポスト・ヒューマン誕生』）で、ＡＩが人類の知能を超える転換点を「シンギュラリティ」（技術的特異点）と定義した。カーツワイルはシンギュラリティが「２０４５年に到来する」と予言する。この本がアメリカで出版されたのは２００５年。アメリカでｉＰｈｏｎｅが発売されたのは、その2年後の２００７年だ。同じ２００７年に日本では、将棋のタイトルホルダーとＡＩによる対局がはじめて行われ、その際は人間が勝利した。この本が出版されたころはまだ、ＳＦ映画のようにＡＩが人間を超えることなど、多くの人は夢物語と思っていた。ＡＩが将棋のタイトルホルダーをはじめて破ったのは、２０１７年のことである。

この本の中でカーツワイルはＶＲについて、次のように言及している。

「視覚的聴覚的に完全なヴァーチャル・リアリティ環境は、今世紀の最初の二〇年間で全面的に普及して、どこでも好きなところに住んで仕事をするという傾向がいっそう強くなるだろう。五感すべてを組み込んだ完全没入型のヴァーチャル・リアリティ環境は、二〇二〇年代の終わりには実際に手に入ることになるが、そうなると、現実のオフィスを使う理由はまったくなくなる」

その上で「ヴァーチャル・リアリティ環境では、ほとんど全てのことを、誰とでも、どこからでもできるようになり、オフィスビルや都市といった集中型テクノロジーは時代遅れになる」とも述べている。

さらにカーツワイルはVRについて「ディスプレイは眼鏡に組み込まれ、電子機器は衣服に織り込まれ」るようになって、コンピューターと人間とをつなぐユーザーインターフェースが、目に見える世界全体に変わると指摘する。すでにVRは、パソコンなどの親機が不要な単体型が発売されている。実在する風景にバーチャルな仮想現実を反映させるAR向けに、小さくて軽いスマートグラスも実用化されている。新型コロナウイルス対策でオンライン社会が急激に進み、カーツワイルの予言は次々と現実のものとなってきている。

ちなみにカーツワイルは発明家としても有名で、クラシック音楽を作曲するコンピューターや、スティーヴィー・ワンダーの依頼でシンセサイザーを発明している。

ＶＲ用ヘッドマウントディスプレイ「オキュラス」の衝撃

カーツワイルの予言に、きわめて早い時期から注目していた人物と会った。Symmetry Dimensions Inc.（以下、シンメトリー）ＣＥＯの沼倉正吾だ。１９７３年生まれで、少年時代からコンピューターに親しんでいた沼倉は、やがて秋葉原のパソコンショップでパソコン通信のシステムオペレーターとして働き始めた。経験を買われて、台湾の家電量販店グループに移った沼倉は、台湾や中国の深圳、それに香港で、新店舗設立や運営の責任者として腕をふるった。

「コミュニケーションのとり方や仕事の仕方が、日本とはまったく違うのに驚きました」

やがて帰国した沼倉は、２０１２年にアメリカで発表された高機能で、しかも安価なＶＲ用ヘッドマウントディスプレイ「オキュラス」に衝撃を受けた。

「それまでのＶＲは非常に高価なものでした。ところが開発者向けに提供されたオキュラスは、約３万円なのです。さっそく取り寄せて試してみました」

上下左右、目に見えるところすべてに映像が流れる。

「モニターで映画を見たり、ゲームをしたりするのは、基本的に『見る』感覚です。ところがオキュラスをつけて感じたのは、自分がその場にいて『体験』する感覚でした。これはすごく大きな市場になると直感しました」

沼倉はＶＲを専門にしたベンチャービジネスの起業を志した。しかし、日本では「おもちゃみたい」という反応だった。一方、アメリカではＶＲに対する投資熱が盛り上がっていた。

「台湾の経験があるので、海外に会社を作る抵抗感がないのです」

沼倉はシステム開発や映像製作、空間デザインなどの専門家を誘って２０１４年、シンメトリーの前身となる会社をアメリカのデラウエア州に設立した。同州は企業誘致に熱心で、起業に有利な制度が整っていたからだ。

建設業界向けＶＲソフトを製品化

沼倉は当初、エンターテインメントとビジネスの両面で、事業の可能性を探った。３６０度映像のＶＲドラマをＮＨＫエンタープライズと共同で製作したり、アニメやゲームのコンテンツを作ったり、英会話の教材を作ったりした。しかし、当時はパソコンのスペックが追いつかず、満足のいく出来栄えには至らなかった。これに対し、建設業界向けに3D CADデータを活用したVRソフトウェアの試作版を国内の展示会に出品したところ、一部の業者から「これでいいから、いますぐ売ってほしい」と頼まれるほど、熱い注目を集めたのだ。

CAD(Computer aided design＝キャド)とは、コンピューターによる設計支援ツールだ。それまでは各種定規のついた製図台で手書きしていた設計図を、効率よく作ることができるようになった。3Dは3 dimensions、立体的な空間のことで、3D CADは、パソコン画面上に仮想の三次元モデルを作成することができる。3D CADは1980年代に商用化が始まり、低価格化も進んでいた。

「彼らは以前から、『設計図の中を実際に歩いたり、確認したりできたらいいのに』と思い描いていたのでしょうね。うちのデモを見て『まさに、これだ』と、感じたのだと思います」

2016年は各種ハイエンドVR機器が発売され、「VR元年」とも呼ばれた年である。この年、沼倉は建築、設計、土木、エンジニアリングや空間デザイン向けのVRソフトにターゲットを絞った。建設業界でも作業員の高齢化や人手不足、後継者不足が深刻となっている。沼倉はVRのもたらす認識力やコミュニケーション力が、建設業界の抱える課題解決に役立つと確信したのだ。

2017年、沼倉は3D CADのデータを直接インポートできるVRソフトを製品化した。それが社名にもなっている「シンメトリー」だ。日本語では「対称性」。ユーザーが頭に思い描いたイメ

ヘッドマウントディスプレイでＶＲの映像を見ながら打ち合わせ（提供：シンメトリー）

ージやアイデアをそのままＶＲ空間に投影できるという意味が込められている。

私は東京の代々木にあるシンメトリーの日本事務所を訪ね、実際にＶＲを体験させてもらった。

まず頭部に、ヘッドマウントディスプレイをつける。最近のものは軽量化が進んで、装着感が向上している。右手と左手でそれぞれ、別々のコントローラーを握る。人差し指でトリガーを引くと、レーザーのあたった先がクリックされる。最初のオープニング画面でＣＡＤデータを選択すると、ワークステーションと呼ばれる高スペックなパソコンがデータを読み込む。

突如として目の前に立体的な建物が出現した。試しにしゃがんでみると、しゃがんだ角度で建物が見える。私が現実の世界で実際に前に向かって歩いてみると、建物が近づいてくる。おもしろいのは、行きたいところにレーザーをあててクリックすると、その場所に瞬間移動できることだ。地上にいた私が、10階建てのビルの屋上をクリックしたその瞬間、ビルの屋上に立っていた。おそるおそる、さっきまで自分のいた地上を見下ろしてみると、あまりの高さに足がすくんだ。まさに「体験」だ。写真や図面を見ただけではわからない、ＶＲの威力を感じた。

別のデータを選ぶと、ひとつの街全体を俯瞰することができた。時刻を変えることもできる。太陽が動いて、どのように建物の影が変化するのか、簡単にシミュレーションできるのだ。

ヘッドマウントディスプレイを人数分用意すれば、ＶＲの中を一緒に歩きながら打ち合わせをすることも可能だ。気になる部分には、レーザーで印をつけたり、修正指示を空間に書き残したりすることもできる。

開発陣にとっての技術的な難しさは、ユーザーインターフェースの設計だった。フラットなモニターと、ＶＲとでは使用環境が大きく異なる。コンピューターに慣れていない人にも直感的に操作できるよう、改良を重ねた。

世界１１３カ国で利用される「シンメトリー」のＶＲソフトでできること

体験して感じたのは、誰にでも非常にわかりやすいシステムだということだ。例えば入り口や通路の幅が十分とってあるかどうか、テーブルやカウンターが高すぎたり、低すぎたりしないか。広さや高さ、奥行きを実際のスケールで体験できるのだ。建物ができてしまってから「イメージと違う」「こんなはずではなかった」というクレームを大幅に減らすことができる。では建築家や施工業者にとっては、どうだろうか。

「高層ビルの図面を描いて、形はわかっても、実際にビルを地上から見上げて、どんなふうに見えるのか。あるいはデザインした室内の雰囲気が狙い通りかどうか。できてみないとわからないことがたくさんあります。それがＶＲでわかります。プロにとっても気づきがあり、手直しが可能となります」

新型コロナウイルスの感染防止対策として、テレワークを導入する企業が増えている。この流れの中で、シンメトリーのＶＲソフトも急速に注目を集めている。リアルの世界で対面しなくても、ＶＲの中で打ち合わせをすればよいのである。そこで沼倉が期待しているのが５Ｇだ。

「ＶＲのデータは容量がとても大きいのです。そこで５Ｇの超高速大容量、超高信頼低遅延という特性が活きてきます。エッジコンピューティングを使えば、戸外でも簡単にＶＲが使えるようになります」

現状のＶＲは、ハードウェアの準備や設置に時間がかかり、必要な知識も多岐にわたり、経費もかかる。これに対してエッジコンピューティングを使えば、集約されたサーバーでデータを処理するのではなく、利用者に近い位置「エッジ」で情報を処理することができる。これだとノートパソコンやスマートフォンでも利用が可能となり、利用者にとって導入のハードルがぐっと低くなる。

ＶＲはデザインの修正を容易にし、作業工期の短縮、ミスの低減、コストの削減、顧客満足度の向上につながる。こうしたメリットを持つシンメトリーのソフトは、日本はもちろん、世界でも高く評価され、これまで世界113カ国で利用されている。

リアルな未来予測をも可能にするデジタルツイン

ＶＲの画像処理技術を開発したシンメトリーが目指す、次なるターゲットが「デジタルツイン」だ。デジタルツインとは、現実に存在する製品などのモノや、場所などのリアルな環境をデジタルデータ化し、仮想のサイバー空間上でリアルタイムに「電子的な双子」を構築するシステムをいう。ＣＰＳ（サイバーフィジカルシステム）という概念もあるが、ほぼ同じ意味で使われる。

デジタルツインのコンセプトは２００２年に、アメリカ・ミシガン大学教授のマイケル・グリーブスが提唱したとされる。それがトレンドワードとして注目を集めるようになったのは、ここ数年のことである。その背景には「モノのインターネット」と呼ばれるＩｏＴ技術の急激な進展がある。いまやインターネットにつながっている機器は世界で数百億台にのぼるといわれている。「センサー」と「通信機能」がセットになり、様々な情報をインターネット経由で活用できるようになってきたのだ。

特に注目を集めたデジタルツインの例をいくつか紹介しよう。２０１８年のＦＩＦＡワールドカップロシア大会で、サッカー場に選手とボールのトラッキング（追跡）システムが設置され、得られた位置データが、リアルタイムで各チームに提供された。監督やコーチはタブレットを見ながら、選手の交代や戦術を検討したのである。

ＷＴＡ（Women's Tennis Association＝女子テニス協会）は管轄する女子プロテニス大会で、トラッキングシステムで得られたデータをもとに試合中、コーチが選手にアドバイスすることを２０１５年から認めている。

火事で焼け落ちたフランスのノートルダム大聖堂の再建計画にも、デジタルツインは活用されている。次章で紹介する自動運転用のダイナミックマップも、デジタルツインの一種である。

デジタルツインを使うと現状の解析だけでなく、シミュレーションしたモデルで未来を予測し、問題がおきる前に対策をたてることができる。これはＣＡＥ（Computer Aided Engineering）とも呼ばれ、コスト削減や工期短縮に効果的だとして様々な分野で利用されはじめている。例えば、アメリカのゼネラル・エレクトリック社が自社で製造した航空エンジンのメンテナンスにデジタルツインを活用している。飛行機のエンジンに吸い込まれた砂ぼこりの量や気圧などのデータをもとに、エンジンの最適な洗浄頻度を分析するのだ。

沼倉はこのデジタルツインを、建設業界や都市計画で活用しようとしている。ＮＴＴドコモと組んで、２０１９年から実証実験を開始した。まず、ドローンや測定車両に装備した３Ｄレーザースキャナーで、物体や空間を三次元座標軸で計測し、位置や色などの情報を持った点の記録である「点群データ」を取得する。その膨大なデータを、５Ｇを通じてドコモのクラウド上で収集し、サイバー空間上にデジタルツインを構築する。実寸、かつ現実と同様の色や質感を立体的に再現し、遠隔地にいても現場にいるかのような環境を実現するのだ。

その結果、測量技師は現場に行かなくても、再現されたサイバー空間上でデジタルツインを活用して何度でも調査や測量を行うことができるようになり、移動時間も不要となる。実際の工事にあたっては、遠隔からの指揮で、業務の大幅な効率化が期待される。別の仮想空間を作り出すＶＲだけでなく、実在する風景に仮想現実を反映させるＡＲも活用しながら、リアルな未来予測も行う。

このようにシンメトリーが開発した、点群データを効率的に処理する画像処理エンジンに、超高速大容量、超高信頼低遅延、多数の端末との同時接続を特徴とする５Ｇを組み合わせることにより、あらゆる現実世界をサイバー空間に再現し、活用することが可能となる。沼倉は、デジタルツインにとって５Ｇの登場が大きな意味を持つと強調する。

「例えば実際に走行する車のデジタルツイン化には、１台でも数十から数百のセンサーが必要となるでしょう。エネルギーのプラントだと、数千となります。これが地域のレベルになってくると数十万、数百万、それ以上という、ものすごい量になります。いままでだったら製品レベルでしかできなかったことが、５Ｇの登場で、都市や地球規模で可能となるのです」

シンメトリーは、２０２１年１月にはスタートアップ企業を支援する東京都の「ＴＯＫＹＯ ５Ｇ ＰＲＯＭＯＴＥＲ」に採択され、東京都や通信事業者との連携促進を進めている。

3-5 シンガポールで進む「デジタルツイン」による都市開発

様々な分野で活用されるダッソー・システムズの技術

デジタルツインの開発で世界の最先端を走る一社が、ダッソー・システムズだ。フランスの航空機製造会社、ダッソー・アビアシオンが設計ソフト開発部門を１９８１年に分社化して設立した。１９８９年に発表した「デジタルモックアップ」コンセプトは、従来だとメーカーが設計図をもとに木や粘土で作っていた実物大の模型（モックアップ）を、三次元でデジタル化するもので、デジタルツインの走りというべき運用手法だ。ボーイング７７７は、ダッソー・システムズのデジタルモックアップを全面的に採用して作られた、はじめての商用航空機である。さらにダッソー・システムズは、製造ライン上で数万点、あるいはそれ以上に及ぶ部品をどのように流して組み立てていくかも、デジタルツインでシミュレーションできるようにした。

ダッソー・システムズは自社開発のデジタルツインを「バーチャルツイン」と呼んでいる。ダッソー・システムズで建設・都市・地域開発のグローバル・マーケティング・ディレクターを務める森脇明夫は「デジタルツインの概念をさらに一歩進め、バーチャル空間における人間の体験の側面にも踏み込んでいるから」と説明するが、ここでは煩雑を避けるため、一般的に使用されているデジタルツインで統一しておく。

ダッソー・システムズのデジタルツインは航空や自動車、建設業界をはじめ、最近では医療研究などライフサイエンスの分野でも活用されている。中でも注目されるのが、都市のデジタルツインである。本章の冒頭でスマートシティを紹介した。その代表的な事例として世界的に有名なのが、シンガポールの国土を丸ごとデジタルツイン化するバーチャル・シンガポールだ。

「バーチャル・シンガポール」が可能にすること

アジアの金融センターとして世界有数の経済力を誇るシンガポールは、国別人口密度がモナコに次ぐ世界第2位で、過密な都市開発や慢性的な交通渋滞が問題となっていた。そこでシンガポール政府は２０１４年、東京23区ほどの面積である国土全体のデジタルツイン化を開始した。プロジェクトの主体は国立研究財団などの政府機関で、民間からはダッソー・システムズが参加し、基幹となる都市計画プラットフォームを提供した。森脇は、都市をデジタルツイン化する狙いを次のように説明する。

「現代の都市は、エネルギーの管理システムや公共交通をはじめとする輸送システム、上下水道や冷暖房、さらにはセキュリティに関するシステムなど、様々なシステムが密接にからまった集合体にな

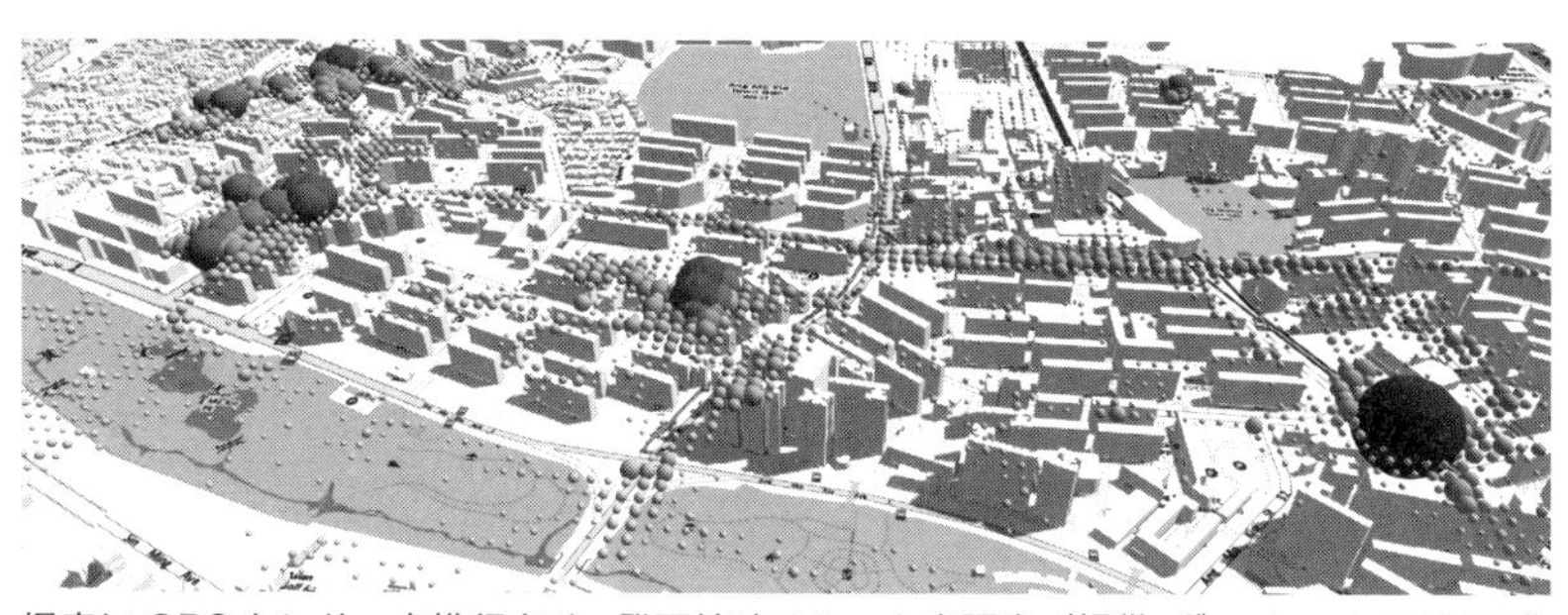
児童にGPSセンサーを携行させ、登下校時のルートを調査（提供:ダッソー・システムズ）

っています。デジタルツインはこれら多岐にわたる情報を整理し、うまく連携させながら管理していくのに、非常に有効なのです」

地図の位置情報に統計データを重ね合わせて活用する技術にGIS（Geographic Information System＝地理情報システム）がある。日本でも災害の危険性を表示するハザードマップなどで利用されている。バーチャル・シンガポールでは、3Dの都市モデルにGISの防災、インフラ、管理、エネルギー対策、環境保護など幅広い分野のデータを重ね合わせている。シンガポールもご多分に漏れず、行政が縦割りでデータベースもバラバラだったが、ダッソー・システムズのプラットフォーム技術により、あたかもひとつのデータベースに統合されたかのように見せることができる。

ダッソー・システムズ日本法人シニアソリューションコンサルタントの佐藤秀世は、単純に3Dで街を見る以上のメリットがあると強調する。

「大事なポイントは、様々な情報を可視化することで、関係者が同時に情報を共有できることです。バラバラだった情報を統合して重ね合わせることで、それまで気づいていなかったことが見えてくるのです」

基本的な使い方として、例えば再開発で複数の案を比較する際、将来の姿を実際のイメージで比べることができる。景観だけでなく、施設のアクセスのしやすさ、公共サービスの利便性や新しいプロジェクトの可能性なども具体的に検討できる。さらに将来起こる可能性がある災害や事故をシミュレーションし、被害の防止、あるいは最小化をはかることが可能となる。住みやすさの面では、熱帯雨林気候に属するシンガポールの蒸し暑さ対策として、新たにビルを建てる際には風の流れをシミュレーションし、風を遮ることになる場合には設計を見直すこともできる。学童の交通事故を予防するため、子どもたちにGPS（全地球測位システム）の端末をつけてもらって通学路周辺の交通混雑状況をチェックし、通学路や道路計画の変更など交通対策にも活かされた。日照の変化を予測し、太陽光パネルの設置にも活用された。

5Gの商用化について佐藤は「以前より多くの情報を短時間で収集できるようになる」と期待する。5Gは電波の到達距離が短いため多数のスモールアンテナが必要となることから、デジタルツイン化したパリをモデルに、アンテナの設置場所に関するシミュレーションを作成したりもしている。

銀座を舞台にデジタルツイン化を推進

日本でも、都市のデジタルツイン化が始まっている。大手ゼネコンの大成建設は2019年、国内の事業者としてはじめて、ダッソー・システムズの都市計画プラットフォームを導入した。対象としたのは、日本有数の商業エリアである東京の銀座地区だ。大成建設のデジタルプロダクトセンターでＢＩＭ推進担当主任を務める池上晃司は、銀座を選んだ理由について「伝統と世界的ネームバリューがあり、景観に配慮したまちづくりを進めるための地元の協議組織も存在していて、デジタルツインを利用してもらえるだろうと考えた」と説明する。

ちなみに池上が担当するＢＩＭとはBuilding Information Modelingの略称で、コンピューター上に建物の立体モデルを構築する仕組みのことだ。前述した3Ｄ ＣＡＤとどう違うかというと、ＢＩＭはビルのデザインだけでなく、構造や設備に関する様々な情報、例えば部品のサイズや材質、構造や重さ、その品番や価格まで、あらゆるデータを統合することで、情報を一元的に管理することができるのだ。大成建設は、自社が設計を担当したビルのＢＩＭデータをはじめ、地図業者が販売している銀座の詳細な地図やＣＡＤデータ、航空写真など、多様なデータをクラウド上でダッソー・システムズの都市計画プラットフォームに読み込ませて「バーチャル銀座」を構築した。

これにより地域の景観はもちろん、ビルの任意の部屋から外の風景がどう見えるか、あるいは日照の検討などが容易にできるようになった。看板の広告料の設定や防犯にも役立ちそうだ。人の流れのデータと組み合わせることで、テナント料の設定にも利用可能だ。

デジタルツインを構成するすべての建築物にはＩＤがつけられ、様々な情報が紐づけされている。施工した業者別による仕分けや、高さ別など、任意の区分でバーチャル銀座を簡単に色分けすることができる。大成建設はデジタルツインを活用してビルの維持管理や補修分野でのビジネスチャンスが広がると期待する。

銀座地区のデジタルツインは２０１９年10月にフェーズ１が完成し、現在はフェーズ２に向けて検討中だ。池上は、デジタルツインの将来に期待を寄せる。

「都市のデジタルツインは、日本では前例がなかったため、これという決まりがありません。手探りで進めていますが、どんな情報ともつながる、いままで私たちが体験したことのない世界になるという期待感があります」

各地で進められる都市におけるデジタルツインの活用

国土交通省は「国土交通データプラットフォーム整備計画」で、日本の国土全体をデジタルツイン化する「バーチャル・ジャパン」構想を立てている。２０２０年12月には、デジタルツインで活用可能な日本の３Ｄ都市モデル「ＰＬＡＴＥＡＵ」（プラトー）を発表した。これにより都市計画の高度化や、都市活動のシミュレーション、分析などを行うことが可能となる。今後、段階的に全国約50都市の３Ｄ都市モデルやそのユースケースを公開し、全体最適・市民参加型のまちづくり実現に努めるとしている。さらに同省が掲げる「アイ・コンストラクション」（i-Construction）構想は、建設システムをデジタルツイン化する計画だ。同省は、国土、経済、自然現象などに関するデータを連携した統合的なプラットフォームの構築を目指している。

都道府県レベルでは、「スマート東京」の一環として東京都が、「3Dビジュアライゼーション実証プロジェクト」において、デジタルツインの基礎となる3Dデジタルマップの可視化と、それらを活用した様々なシミュレーションを実施している。ヤフー社長などを経て東京都副知事に就任した宮坂学は2020年8月、都庁を「西新宿からデジタル空間に移転しバーチャル都庁をつくる」とツイッターに投稿した。

静岡県は「VIRTUAL SHIZUOKA」の一環として、県が保管する県土の点群データを無償で公開している。2020年12月、シンメトリーは静岡県が提供する三次元点群データを活用してデジタルツインを構築し、都市インフラ老朽化問題を解決するための実証実験を実施した。

IT政策を担当した内閣府副大臣が、政府機関をデジタル空間に移す「デジタル遷都」を唱えたこともある。内閣府が提唱する「Society 5.0」は、「IoTですべての人とモノがつながる」というものので、それはそのままデジタルツインの社会ともいえる。

急激なIT化を進める中国では、四川省成都のデジタルツイン化を進めている。ファーウェイは成都に多次元5Gネットワークを立ち上げ、「世界屈指のハイテク都市に変える」と発表している。

デジタルツインに人や交通の流れ、刻々と変化する天候などリアルタイムの情報も取り込んで活用していくために、5Gに対する期待が増している。デジタルツインは人びとの働き方を大きく変え、街や社会のありようを劇的に変化させる可能性を秘めている。

あったら便利、が世界を変える「モバイル治療室」

NTTドコモが進める「モバイル治療室」

コロナ禍発生直前の2020年1月、東京ビッグサイトでNTTドコモの大型イベント「DOCOMO Open House 2020」が開かれた。会場では、注目の5Gをはじめ、デジタルマーケティングなど、15のテーマ別に、多くのパートナー企業とコラボした最新の研究開発やサービスが約240件紹介された。中でも、ひときわ目を惹いたのが、大型バスのような箱型ボディを持つ、20トンクラスの大型トラックだ。車体の大きさは、長さ12メートル、横幅2・5メートルで、道路交通法で許容された大型自動車の規格限度まで目いっぱい使っており、さらに、現場でボディ幅を拡張できる機能を装備している。これが、実物大の治療室（手術室）を実車内に再現した「モバイルSCOTコンセプト」の移動式治療室「モバイル治療室」だ。模型の展示はこれまでもあったが、実車による展示は今回がはじめてのことである。

私はさっそくスロープを上って、トラックの荷台部分にしつらえられたモバイル治療室に入ってみた。中心には手術台が置かれ、上部には、手術で影が生じないようにする無影灯が備えつけられている。一番奥には70型の8Kモニターが置かれ、見るからに最先端の手術室らしい雰囲気だ。高機能の超音波診断装置（エコー）と、ベッドサイドモニター、それに8Kの内視鏡も備えつけられている。後部のドアを開けて、別のトラックに搭載したMRI（磁気共鳴断層撮影装置）も連携して使える仕組みになっている。

SCOT（Smart Cyber Operating Theater＝スコット）は東京女子医科大学が主導して開発した、高い治療精度と安全性を持ち、IoT技術を活かしたスマート治療室だ。治療室内の様々な医療機器をパッケージ化、およびネットワーク化した上で、時刻同期した検査診断データを情報化することで、治療の進行や患者の状態を総合的に把握できるようにしている。

医療法施行規則では、手術室の広さについて具体的な規定を設けてはいないが、最低でも執刀する医師、麻酔科医、看護師など数人が入室することになる。麻酔器や電気メスの他にも、内視鏡手術では専用のモニターが必要となり、人工心肺や顕微鏡が必要となる手術もある。最近では手術支援ロボットやナビゲーションシステム、血管撮影装置など、大型の専用機器が使われる手術も多い。加えて清潔な手洗い設備も必要である。

NTTドコモ5Gイノベーション推進室担当課長の南田智昭は「手術室の広さは一般的に、約7メートル×7メートルが最小とされています。しかしトラックでは横幅7メートルを確保することは困難です。そこで、この空間で何ができるのか、これから具体的に検証していくことにしています」と話す。モバイル治療室でどのような治療を行えるようにするかによって、必要となる医療機器も変わってくるが、どのような機器が入っても柔軟に対応できるよう、車両には大容量の発電機とＵＰＳ（無停電電源装置）を搭載している。

ＮＴＴドコモでは５Ｇ時代の新たなサービスを見越して、これまで５Ｇイノベーション推進室担当部長の奥村幸彦が中心となり、医療の分野における５Ｇの活用をめざして複数の活用事例の検討と実証試験を重ねてきた。奥村は、５Ｇネットワークへ接続可能なモバイル治療室の意義を、次のように語る。

「高齢化に伴い、医療機関の利用者が増加する一方、地域における医師の不足や医療格差、さらに近年頻繁に起こる大規模災害への対応などが社会課題となっています。こうした状況が続く中で、モバイル治療室のようなクルマがリーズナブルなコストで今後普及していくと、例えばふだんは定期診療のような形で各地域を巡回し、一方で災害など有事の際には、災害地に赴いて臨時の病院機能を果たすことができます。あるいは各地の病院や診療所が被害を受けたとき、それらのバックアップとして派遣できる体制があると、災害に備えて地域住民の安心感を得られます。それをぜひ、モバイルネットワークを活用して実現できるようにしたいと考えています」

日本における術中ＭＲＩのパイオニア

モバイルＳＣＯＴの根幹である「遠隔スマート治療支援システム」を主導しているのが、東京女子医大先端生命医科学研究所副所長で教授の村垣善浩を中心としたチームである。

１９６2年生まれの村垣は、医学部の学生時代にバドミントン部の主将を務めたスポーツマンでもあるが、同時に生物が好きで、顕微鏡を覗くことにも興味を持っていた。脳神経外科の道に進んだ村垣は、アメリカの大学留学を経て、東京女子医大脳神経外科の医局長に就任した。そこで取り組んだのが、ＭＲＩを手術中に使いながら、病巣の切除を行う手術だ。

特に、正常な組織との境界が不鮮明な悪性脳腫瘍の場合、正常な部分まで傷つけてしまうと、運動障害や失語症などの後遺症が起きる恐れがある。逆に手術の安全性を優先しすぎると、再発の可能性が高まる。通常、手術前にはＭＲＩ画像を撮るのだが、開頭などの手術操作を行うと、画像と実際の患部にズレが生じるため、その見極めは、医師の経験に頼る部分が大きかった。しかし手術中にＭＲＩを使えば、その境界をずれることなく、リアルタイムで液晶画面にはっきりと映し出すことができる。このように手術中にＭＲＩを行う「術中ＭＲＩ」が、１９９3年にアメリカで開発された。ただしＭＲＩは強い磁場が生じるため、それに対応した手術台や手術機器の準備が必要となる。ＭＲＩもそれまでのドーナツ型から、磁力が弱くなるものの、操作が容易で時間も短縮されるオープン型が開発された。２０００年にオープン型のＭＲＩを導入した東京女子医大は、滋賀医科大学と並んで、日本における術中ＭＲＩのパイオニアと評されている。

加えて、赤外線カメラで手術器具の位置を検出し、撮像したＭＲＩ画像上に表示することも可能となった。1ミリの精度で位置を確認できるようになり、手術の展開に応じてＭＲＩ撮影を行えば、データが更新される。カーナビに例えれば、渋滞情報や自車の位置を更新するイメージであり、より確実な手術を可能とする。これが情報誘導手術、いわゆるナビゲーション手術である。東京女子医大では手術中に平均3回のＭＲＩ撮影を行う。

東京女子医大では２０１９年までの約20年間で、術中ＭＲＩを使った手術を、２０２３例実施している。これは国内では最多である。脳腫瘍は、悪性度がグレード１から４までに分類され、数字が大きくなるほど悪性度が高くなるが、治療成績は、５年生存率がグレード２で89％、グレード３で74％と、高い治療成績を上げている。

村垣は、「術中ＭＲＩを使うことで、悪性腫瘍の摘出率は格段に向上し、生存率も向上しています」と話す。

なぜ手術室のパッケージ化が開発されているのか

この治療スタイルを元に開発されたのが、ＳＣＯＴである。従来の手術室が単に、手術を行う場所を意味するのに対し、スマート治療室であるＳＣＯＴは、術中ＭＲＩや血管撮影装置、あるいは内視鏡など、想定する手術で中心的役割を果たす医療機器をあらかじめすべて決めた上で、対応するベッドや医療器具も含めて手術室全体をひとつのパッケージ製品にしてしまうのだ。その上で最新のＳＣＯＴは、コンピューターを活用しながらネットワークに接続し、診断と治療を同時に行うという画期的なシステムである。

村垣は、ＳＣＯＴという名前をつけるに際してシアター、つまり劇場という言葉を取り入れたことについて、「医学の歴史を振り返ると、初期には、みんなが見ているところで手術をしました。舞台のように、誰に見られてもおかしくないのが、手術なのです」と語る。調べてみると、特にイギリスではいまも、「手術室」という意味でシアターが使われている。従来の大学病院は、「白い巨塔」で閉鎖的というイメージがあるが、村垣はそれを覆し、すべての人に開かれたものにしていこうとしている。

それではなぜ、手術室のパッケージ化という発想が生まれたのだろうか。例えば大学病院のような大規模な医療施設では、同じような機能を持った違う機種の医療機器が複数置かれているのが実情だ。その結果、何が起きているかというと、操作を間違ったり、覚えられなかったり、機械が故障していても気づかなかったりといった、ヒューマンエラーによるミスが多発することになる。

『Medical Tribune』（２０１３年10月３日号）には、手術室内で生じたミスについて、報告された総数の23・５％が、医療機器・器具に関連していたというイギリスの報告が掲載されている。記事は「特に医療機器・器具の技術に大きく依存するハイテク手術において、この率が高い」と述べている。そこで、種々雑多の医療機器を整理すれば、人為ミスが減ると期待されたのだ。

「オペリンク」を使うとスタッフが手術に集中できるようになる

従来の手術室のもうひとつの欠点は、それまで医療機器のネットワーク化がほとんどなされていなかったことだ。それぞれの医療機器が「スタンドアローン」、つまり単独で操作される状態で、他の機器との情報の共有と統合がなされていなかった。そこで、SCOTの進化に貢献したのが、自動車部品製造大手のデンソーである。

デンソーは世界最大規模の自動車部品メーカーであると同時に、その部品を作るための作業用ロボットを、グループ会社のデンソーウェーブで内製している。もちろん、自社製品以外にも多様なメーカーによる機械が、工場に導入されている。こうしたロボットが増えるにつれ、操作の手間が増える一方となる。そこでNEDOのプロジェクトとして、日本ロボット工業会が受託し、デンソーを中心に開発されたのが、各種アプリを動かすことのできるミドルウェアのORiN（Open Resource interface for the Network／以下、オライン）である。オラインは2006年に、デンソーウェーブが商品化した。

工場には様々なメーカーが作った、多種多様なプロトコルの機械やロボットがある。従来はそうした装置を、それぞれ別々に操作しなければならなかった。しかしオラインを使えば、メーカーや機種の違いに関係なく、様々な装置を一元的に操作し、管理することができるようになるのだ。いまでは、幅広いリソースを統一的に扱うことができるプラットフォームの国際標準規格として認められ、オライン協議会で管理されている。

デンソーまちづくり企画室担当部長の奥田英樹はこう語る。

「オラインで集まった情報を、ひとつの画面で見られるようなアプリを作ることもできます。データは時刻同期され、情報が連携されます。そのデータを、作業の改善にも活用できるのです」

集まったデータをどのように利用し、作業工程の改善にどうつなげるか。それこそ担当者の、腕の見せ所となるわけだ。

東京女子医大で博士号を取得した奥田は、オラインをＳＣＯＴに応用できないかと考えた。そして開発されたのが、ミドルウェアの「オペリンク」である。オペリンクを使えば、様々なメーカーの医療機器の情報が時系列をそろえて統合される。こうして時刻同期した検査や診断データを情報化することで、手術の進行状況と患者の状態をひとつの画面でわかりやすく表示し、治療の現状を一目で総合的に把握できるようになったのだ。情報化の対象はＭＲＩ画像をはじめ、心電図や血圧、心拍を測定するモニター、４Ｋや８Ｋカメラなどの検査機器からの高精細な生体情報、麻酔が適切にかかっているかどうかを測定するＢＩＳ（ビス）モニターなど、多岐にわたる。

東京女子医大の手術室の場合、20種類の機器が設置され、医療スタッフは、術野以外のあちこちに気を配らなければならなかった。それがオペリンクの導入で、情報が統合されたひとつの画面をチェックすればよくなった。ディスプレイには機器のリストが表示され、どの機器を表示するかが、自由に選べる。レイアウトも自由自在で、別の機器の情報にいつでも変えられるようになっている。その分、スタッフは手術に集中できるのだ。

デンソーは、医療ベンチャーとしてオペリンクを取り扱うＯＰＥ×ＰＡＲＫ（以下、オペパーク）を２０１９年、ベンチャーキャピタルと共に設立し、奥田が副社長・ファウンダー（創業者）に就任した。

出張中の経験豊富な専門医が的確な指示や助言ができるようになる

加えて、こうした情報を統合表示し、スマート治療室の医療スタッフと遠隔コミュニケーションをとる機能を備えたシステムが「戦略デスク」である。スマート治療室とは別の場所に作られた戦略デスクで、経験豊富なベテラン医師が、治療室内と同じ情報を表示した画面をリアルタイムに参照しながら、治療にあたる医師やスタッフへ、具体的にアドバイスすることが可能となる。ディスカッションするときは、コミュニケーションボタンを押すと、どちらの画面を共有するかを選ぶことができ、手書き入力可能な映像を見ながら、意見交換することができるのだ。

この戦略デスクに、超高速大容量、超高信頼低遅延で通信可能な５Ｇを活用し、スマート治療を様々な場所から支援できるようにするのが「モバイル戦略デスク」だ。スーツケースなどに収納できる持ち運び可能なサイズに小型化した戦略デスクを、５Ｇネットワークに接続する「モバイル戦略デスク」が実現すれば、例えば、出張中の経験豊富な専門医師が、出張先からタイムリー、かつ的確な指示や助言を、スマート治療室、もしくはモバイル治療室の医師に対して行うことができるようになる。

ＮＴＴドコモが先行実施した模擬試験では、スマート治療室から戦略デスクへ５Ｇを介して伝送された医療機器情報の統合表示画面が、従来の４Ｇ品質で伝送した場合と比較し、より鮮明な映像情報として再現され、ＳＣＯＴに要求される品質を達成できることが確認された。

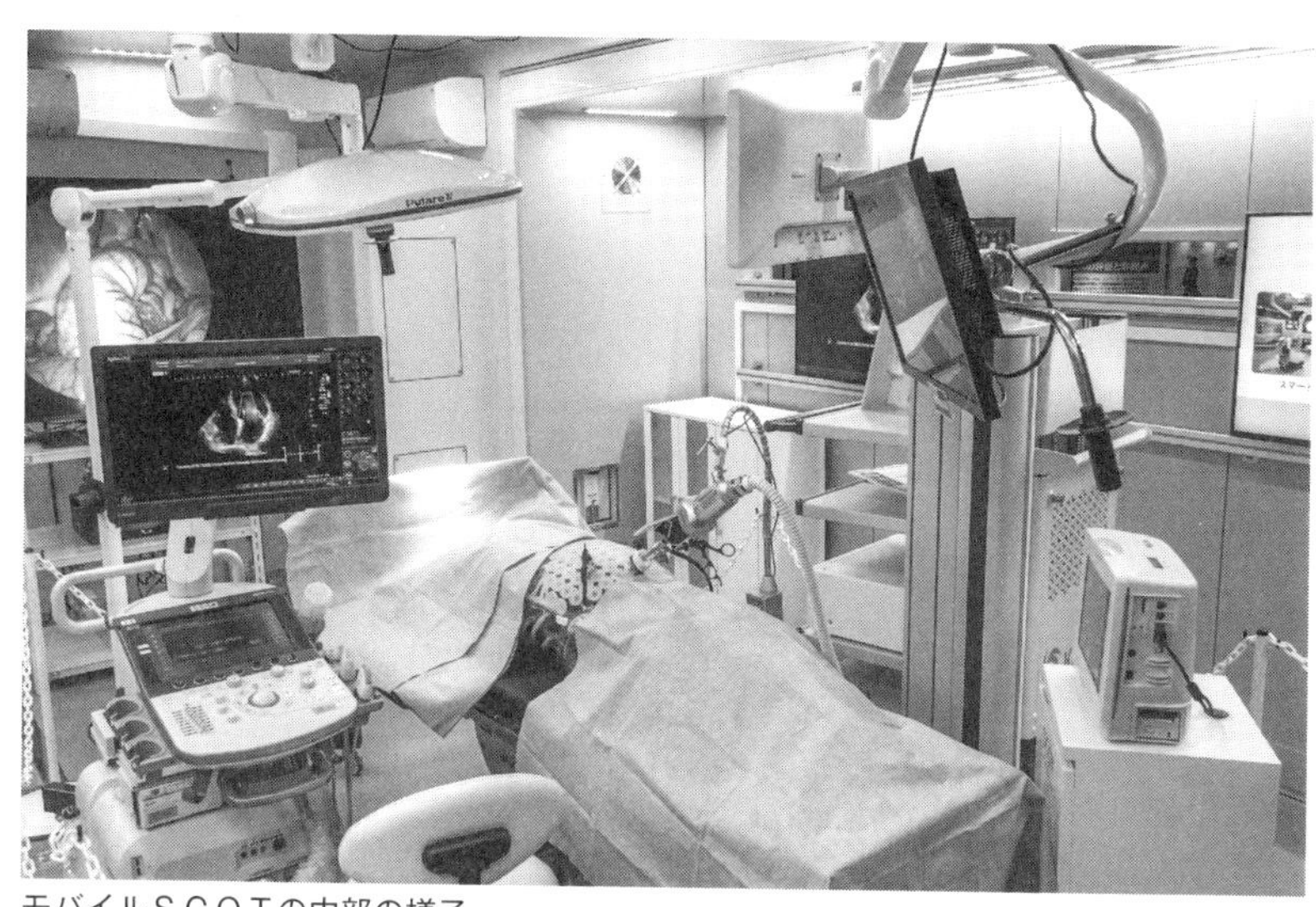

モバイルＳＣＯＴの内部の様子

ＮＴＴドコモの南田は「モバイル治療室で扱う高精細診断画像は情報量が多いため、４Ｇでは、特にアップリンク（移動端末から基地局に向かう上り回線）において品質を低下させることなくデータを送ることができません。しかし５Ｇであれば、ダウンリンク（基地局から移動端末に向かう下り回線）、アップリンクを問わず、双方向で高精細画像の伝送が可能となり、モバイル治療室をどこに派遣しても、情報をアップできます」と話す。５Ｇ時代を迎えるからこそ、モバイル治療室、そしてモバイル戦略デスクから成るモバイルＳＣＯＴコンセプトの実現により、ＳＣＯＴを運用する場所と時間が大幅に拡大可能となるのだ。

ＳＣＯＴプロジェクトにはほかにも、キヤノンメディカルシステムズ、パイオニア、ミズホ、日本光電、ＳＯＬＩＺＥ、日立製作所（以下、日立）、エア・ウォーター、セントラルユニ等の各社が参加している。

２０２１年２月、日立はオペパークと協業し、ＳＣＯＴをコンセプトとした情報統合手術室ＭＥＴＩＳ（メーティス）の販売を開始した。日立がもつ手術室インテグレーションノウハウと、オペパークのオペリンクを組み合わせることで、ＭＲＩ画像などの映像系に限らず、生体情報など様々な手術時の情報を一元管理できる情報統合手術室を実現した。

発展するＳＣＯＴと５Ｇは医療の地域格差を埋めることができるか

これまで述べてきたようにＳＣＯＴは、徐々に進化を遂げている。基本はＭＲＩを中心とした手術機器のパッケージ化だが、やがてオペリンクを使った手術室のネットワーク化が実現した。最新のＳＣＯＴでは、医療機器のロボット化が進むと同時に、過去の症例における判断パターンを参照し、執刀医の判断をＡＩが支援する「意思決定ナビゲーション」も提供されている。

ＳＣＯＴ導入には数億円の経費が必要となるため、設備の更新時期にあわせて導入を検討する病院が多い。これまで大学病院では広島大学や信州大学でＳＣＯＴが導入されている。東京女子医大では２０１９年から、ＡＩも利用できる最新鋭のＳＣＯＴとなっている。

東京女子医大の村垣は「ＳＣＯＴだから良い結果が出て、良い結果が出るから、患者さんが増える。患者さんが増えると、さらに技術も上がるという良い循環が生まれています」と語る。ＳＣＯＴやオペリンクを使うこと自体に保険適用はないが、患者の増加で病院としての収入が増えれば、高価な投資をしても十分に採算が合うという計算だ。

オペパークの奥田が、オペリンクを使うＳＣＯＴの利点として強調するのは「安心感の提供」だ。奥田は手術をビデオ撮影するだけの従来の対応を自動車のドライブレコーダー、オペリンクを使ったＳＣＯＴを飛行機のフライトレコーダーに例える。

「手術室では、患者さんは麻酔され、目覚めたら手術は終わっています。だから患者さんは、実際に何が行われたのか、よくわかりません。しかしオペリンクだと、フライトレコーダーと同じで、あらゆる情報が残ります。病院の差別化、生き残りの中で『うちの病院にはオペリンクがあります。データはすべて取っています。安心してください』という病院が必ず出てきます。そうせざるを得ない時代が必ず訪れると思います」

ＮＴＴドコモは、５Ｇを利用する高度遠隔医療の取り組みとして、モバイルＳＣＯＴに加え、２０１９年から５Ｇを装備するハイパードクターカーの実証試験を行っている。中型トラックベースのドクターカーには心電図やエコーなどの医療機器、患者の状態や医師による処置の状況を確認・把握できるカメラなどが搭載され、４Ｋ映像に統合された医療機器からの情報が、医師どうしのコミュニケーションを図るための音声とともに５Ｇを介して高度救命救急センターや病院に伝送され、リアルタイムの遠隔診断機能を提供する。

ＮＴＴドコモの奥村は「地域医療から救急医療まで、使い方次第で５Ｇの医療分野における活用領域はいっそう広がる」と自信を見せる。

「我々の5Gネットワークを活用していただければ、今後、医療の地域格差を解消し、高度医療を提供できるエリアを順次拡大していけるのではないかと考えています。私の個人的思いとして、例えば2025年の大阪万博で、世界中から来場するみなさんに、こうした世界初の先進的なソリューションが日本において実現し、さらなる進化を遂げつつあるということをアピールできればと願っています」

SCOTと競合する規格として、アメリカではハーバード大学の麻酔科医が主導するプロジェクトの〝MD PnP〟がある。ドイツではライプツィヒ大学などが中心となった〝OR.NET〟があり、各国で開発が進められている。

こうして医療は限りなく進化する。その一方で、増大する医療費の削減という課題もある。その疑問を村垣に問うと「なぜ携帯電話ができたのかという疑問と一緒ですね」という答えが返ってきた。当初は「固定電話があればいい」という人がほとんどだった。電話業界でも移動体通信は、かつては傍流の扱いだった。しかし「なくてもいいけど、あったら便利という世界なのです。『あったら便利』が次の世界を変えていくと思っています」と村垣は言う。実際にSCOTも、最初はパッケージ化の意味がなかなか理解されなかった。次のネットワーク化のときも、具体化してはじめてその価値が理解された。

「モバイルＳＣＯＴもそれと一緒で、『患者を病院に早く搬送すればいいだけの話だ』と言われるかもしれません。しかし、その場ですぐに処置できるかどうかで、命に関わってくることもあるのです」

閉ざされた密室で検討するのではなく、「シアター」として情報をすべてオープンにする。そうすれば、モバイルＳＣＯＴが必要かどうか、誰の目にも明らかになるはずだ。モバイルＳＣＯＴは、医療の将来を占うひとつの試金石といえるだろう。

第4章

「自動運転技術」の進展が期待される理由

INTRODUCTION

自動運転が実用化される日は近い？

自動車に代表されるモビリティに関連したキーワードとして、〝CASE〟が注目されている。「自動車がインターネットでつながること」「自動運転」「シェアリング」、それに「電動化」を意味する４つの英単語の頭文字を並べて作った言葉だ。中でも自動運転をめぐっては、各国の自動車メーカーや部品メーカー、そしてIT関連の大手やベンチャーが参入して、熾烈な開発競争が繰り広げられている。この分野でも、５Gが重要な要素となっている。高速で走行するクルマとクルマとの間で情報を交換したり、あるいはクルマを遠隔操縦したりするためには、５Gの超高速で超低遅延という特徴が活きてくるからだ。

本章ではまず、運輸業界の人手不足対策として期待されている、自動運転の技術を利用した「隊列走行」と「遠隔操縦」の取り組みを紹介しよう。次に、自動運転の基盤となるダイナミックマップについて見てみたい。

トラックの隊列走行

法律で認められている自動運転の内容とは？

5Gで特に注目されているトピックスのひとつが、自動運転に関する話題である。改正された「道路交通法」の一部と「道路運送車両法」が2020年4月に施行され、自動運転は「レベル3」の段階に入った。

自動車の自動運転技術は通常、0から5まで6段階のレベルで定義されている。レベル0は運転の自動化がない、従来のタイプである。レベル1は「運転支援システム」で、ステアリング、アクセル、ブレーキのいずれかをシステムがサポートする。レベル2はADAS（Advanced Driver-Assistance System＝先進運転支援システム）と呼ばれ、ステアリングと、アクセル、ブレーキのうちの複数の操作をシステムがサポートする。2015年にアメリカのテスラがはじめて実用化した。レベル2までは、あくまで運転するのはドライバーであり、いわゆる「自動運転」のカテゴリーには入らない。

レベル3で「条件付き運転自動化」となり、クルマが運転の主体となる「自動運転」の世界になってくる。条件付きで自動運転が可能となるが、緊急時はドライバーが対応しなければならない。

レベル3の法律改正ではドイツが先行したが、EUがレベル3を認めていないため、法的に実用化の問題がクリアされたのは、日本が世界ではじめてである。

法律でレベル3が解禁されたといっても、省令や告示で様々な制約が課せられている。実際に可能な自動運転はいまのところ、高速道路で乗用車が車線変更をせずに、同一車線を低速走行する場合に限られる。

乗用車に比べて重量が重く、車体も大きなトラックは、まだ自動運転の対象とはされていない。それではトラックの自動運転に関する取り組みが進んでいないかといえば、そんなことはない。なぜかというと、物流業界には、トラックの自動運転を必要とする切実な理由があるからだ。

国土交通省が２０１８年10月に発表した「物流を取り巻く現状について」によれば、トラックの運転手が「不足している」、または「やや不足している」と回答した物流業者は、２０１１年は18％だったのが徐々に増え、２０１７年では6年前の3・5倍にあたる63％にまで上っている。その背景には、トラック運転手の置かれている厳しい労働条件がある。トラック運転手の年間所得は２０１６年で、全産業平均が４９０万円なのに対して、大型トラック運転手は４４７万円で全産業平均に比べて９％低く、中小型トラック運転手は３９９万円で19％も低い。一方、年間労働時間は、全産業平均が約２１２４時間なのに対し、大型トラック運転手は２６０４時間、中小型トラック運転手が２４８４時間で、はるかに多くなっている。

国土交通省は「全産業と比較して低賃金、長時間労働であり、人手不足の解消に向けては、労働条件の改善が不可欠」と分析している。

そこで業界では、トラックの自動運転に期待しているのだ。経済産業省と国土交通省が主催し、産官学の有識者で構成する「自動走行ビジネス検討会」も、毎年の報告書で「運転者不足問題は深刻で、運転者の年齢構成が高齢化する中、今後、業界の存続に関わる問題とも認識されており、特に運転者の確保が最も難しい夜間の長距離幹線（東京－大阪間）輸送等を隊列走行によって省人化する強いニーズがある」と指摘している。

レベル4の「高度運転自動化」が可能となれば、基本的にはすべての運転操作をシステムが担うことになり、運転手の負担は大きく軽減される。レベル5の「完全運転自動化」となると、運転は機械任せにでき、「無人トラック」が実現するかもしれない。

ただ残念ながらレベル4以上になると、技術的にも、法的にも課題が多く、いつ実現するのかわからない。そこで運輸業界は、乗用車とは違った自動運転のアプローチに注目している。それが自動運転技術の中でもすでに実用化されているレベル2の先進運転支援システムを使った隊列走行だ。

電子連結技術で可能となる「無人隊列走行」

隊列走行とはその名の通り、何台かのトラックが隊列を作って走行する。自動運転ではないため、先頭のトラックには従来どおり、運転手が乗って運転する。ポイントは2台目以降である。先頭のトラックと後続するトラックを、電子連結技術を使って常時通信させるのだ。先頭車両の運転手の運転操作がリアルタイムで後続車両に伝えられ、ＡＤＡＳで車両を制御することで、すべての車両が一体的にコントロールされる。これがＣＡＣＣ（Cooperative Adaptive Cruise Control＝協調型車間距離維持支援システム）と呼ばれる、自動運転技術を使った隊列走行である。

すでに実用化されているＡＣＣ（Adaptive Cruise Control＝追従型クルーズコントロール）では、後続車が自身のレーダーやカメラ、センサーで先行車との車間距離情報を取得し、車間距離制御を行う。その際、双方の車両間で通信は行わない。これに対しＣＡＣＣではＡＣＣでの車間距離制御に加え、先行車の運転に関する情報を車車間通信によって後続車が取得する。つまり、車車間通信を必須としているかどうかが両者の最大の違いである。

後続車に運転手が乗らない、究極の隊列走行は「無人隊列走行システム」と呼ばれる。後続車に運転手が乗る場合は「有人隊列走行システム」である。

もし無人隊列走行が実現すれば、運転手不足対策として大いに役に立つことになる。

有人隊列走行の場合でも、後続車の運転手は、車線変更をする場合のハンドル操作と緊急時以外は運転操作に介入せずＣＡＣＣ任せにできるため、運転手の負担軽減に役に立つ。

それだけではない。数台のトラックを一体制御できることで、安全性の向上が期待される。現状では交通事故のほとんどが何らかの人為的なミスによるものである。一体的に数台のトラックを制御することは、衝突事故の防止にもつながるのだ。

電子連結技術を使うことで、車間距離も変わってくる。通常は安全確保のため、高速道路では例えば時速80キロで走行するときは80メートル、１００キロで走行するときは１００メートルと、速度を

トンネル内を、自動運転技術を使って隊列走行（提供：ソフトバンク）

メートルに置き換えた距離をとるよう推奨されている。しかしこのように車間距離を大きくとると、車体は空気抵抗を強く受けることになる。NEDOのリポートによれば、大型車の高速走行では、エネルギー消費の4割以上が空気抵抗だといわれるほどだ。

しかし車両間の通信を行うCACCを使うことで、人間が前方の車両のブレーキランプを認識してブレーキを踏むときより、車間距離を大幅に短くすることが可能となる。すると後続車の空気抵抗が大幅に減って、かなりの燃費改善効果と、排気ガスが環境に与える負荷の削減が期待されるのだ。各種先行研究によれば、車間距離10メートルで約10%、4メートルで約15%、2メートルでは約25%も燃費が改善されると推定されている。

全体として車列が短くなれば、渋滞の緩和にもつながる。個々の車両間で連絡がない現状では、先行車両が速度を落とすと、後続車両は衝突を避けるため、先行車両の減速よりもさらに速度を落とすので、渋滞の原因となる。しかしＣＡＣＣでは隊列で一体的に加速や減速が行われるため、渋滞が起こりにくくなる。

さらに、隊列走行の技術を応用すれば、運転の状況を外部の運行管制センターから遠隔監視することが可能となり、安全運転の確認や、配送状況の確認にも役に立つ。さらに技術が進めば、遠隔操作で運転をコントロールすることにより、先頭車も含めた遠隔運転が可能となる。

隊列走行車には様々なセンサーや制御装置が搭載されている。隊列走行車が個別に走行する場合も、こうしたセンサーや装置を利用して無駄な運転操作をなくし、経済的な省エネ運転が可能となる。

目的地がバラバラな乗用車と違って、特定の都市間の物流を担う運輸業界は、隊列走行のメリットは大きいと期待している。現状では主に、高速道路での利用が想定されている。

２０２２年の商業化を目指している「プラトゥーニング・テクノロジー」

「プラトーン」という軍隊用語がある。小隊という意味だ。これを踏まえ、縦列を組んでの走行技術が、海外ではプラトゥーニング・テクノロジーと呼ばれるようになった。

時期的に最も早く研究が始まったのはアウトバーンのあるドイツで、２００５年からドイツ運輸省とアーヘン工科大学が中心となり、トラック4台による隊列走行の実験が始まった。近年、ＥＵでは複数のプロジェクトが開始され、異なったブランドのトラックによる有人隊列走行実験が続いている。

フリーウェイの発達したアメリカでは、すでに実用化の段階に入っている。日本のデンソーや三井

郵便はがき

おそれいりますが
63円切手を
お貼りください。

1028641

東京都千代田区平河町2-16-1
平河町森タワー13階

プレジデント社

書籍編集部 行

フリガナ		生年（西暦） 年	
氏　　名		男・女	歳
住　　所	〒 TEL　　　（　　　）		
メールアドレス			
職業または 学　校　名			

ご記入いただいた個人情報につきましては、アンケート集計、事務連絡や弊社サービスに関するお知らせに利用させていただきます。法令に基づく場合を除き、ご本人の同意を得ることなく他に利用または提供することはありません。個人情報の開示・訂正・削除等についてはお客様相談窓口までお問い合わせください。以上にご同意の上、ご送付ください。

＜お客様相談窓口＞経営企画本部 TEL03-3237-3731

株式会社プレジデント社　個人情報保護管理者　経営企画本部長

この度はご購読ありがとうございます。アンケートにご協力ください。

本のタイトル

●ご購入のきっかけは何ですか?(○をお付けください。複数回答可)

1 タイトル　2 著者　3 内容・テーマ　4 帯のコピー
5 デザイン　6 人の勧め　7 インターネット
8 新聞・雑誌の広告(紙・誌名　)
9 新聞・雑誌の書評や記事(紙・誌名　)
10 その他(　)

●本書を購入した書店をお教えください。

書店名／　(所在地　)

●本書のご感想やご意見をお聞かせください。

●最近面白かった本、あるいは座右の一冊があればお教えください。

●今後お読みになりたいテーマや著者など、自由にお書きください。

どうもありがとうございました。

物産も出資するPeloton Technology（ペロトン・テクノロジー）社は、同一ブランドのトラック2台が利用可能な隊列走行技術を２０１９年から商用化している。同社のウェブサイトによれば、トラック2台を最短40フィート（約12メートル）の車間距離で電子連結して走らせた場合、2台を平均すると7・25％の燃料節約効果があるとPRしている。後続車は運転手によるハンドル保持が必要で、省エネ対策に主眼が置かれている。ユニークなのは、クラウドベースのネットワークを使って、同社のシステムを導入している走行中のトラックに対し、ペアリングが可能と判断されれば双方に通知されることだ。ドライバーどうしが無線で連絡を取り合って、その場で隊列を形成できるのだ。もちろんプラトゥーニングを事前に計画することも可能である。

一方、日本ではＮＥＤＯが、２００８年度から大型トラックの自動運転による隊列走行の実験を開始した。その最初の成果として２０１０年には大型トラック3台で時速80キロ、車間距離15メートルの隊列走行に成功した。２０１３年には、車間距離を4メートルにまで接近させることに成功した。

２０１６年度には、トヨタグループの総合商社である豊田通商が経済産業省と国土交通省の研究開発・実証事業を受託した。これには東大発の自動運転開発ベンチャー「先進モビリティ」も参加している。

２０１７年6月9日に閣議決定された「未来投資戦略２０１７」では、高速道路でのトラック隊列走行について早ければ２０２２年の商業化を目指すことが、目標として策定された。

２０１８年6月15日に閣議決定された「未来投資戦略２０１８」では、隊列走行の商業化を目指した目標が引き続き明示されると同時に、後続車無人隊列走行システム開発の前提として、より現実的な後続車有人隊列走行システムの商用化を目指すことが盛り込まれた。

経済産業省と国土交通省では２０１８年から翌19年にかけて、有人と無人の隊列走行の実証実験を新東名高速道路で行っている。なお、無人隊列走行であっても安全のため、後続車に運転手を乗車させている。車間距離の検知にはミリ波レーダー、レーザー光を利用するＬｉＤＡＲ（Light Detection and Ranging／以下、ライダー）、それにセンチ単位での位置情報データを取得できるＲＴＫ（Real Time Kinematic）－ＧＰＳを併用することで、高精度の測定を可能とした。後続のトラックもライダーとＲＴＫを使って先行車両をトラッキングし、短時間で目標位置を設定して、自車を制御する。

実用化のカギを握る５Ｇの役割

次に、５Ｇが隊列走行にどのように活かされているのか、見てみよう。

２０１７年度からの３年間、総務省の５Ｇに関する調査検討事業として、実証実験が行われた。５Ｇ移動通信システムが持つ「超高信頼低遅延」「超高速大容量」の無線能力が評価されて、隊列走行に導入されることになったのだ。

ＣＡＣＣでは先頭車と後続車との間で、常に情報がやりとりされる。先頭車からはアクセルやブレーキ、ハンドル操作の情報が送られ、後続車の運転操作が自動的に行われる。後続車からはカメラや電子ミラーの映像が先頭車両に伝送され、先頭車の運転手が車線変更しようとする際などの安全確認ができるようになっている。そのやりとりには、わずかの遅れも許されない。例えば時速80キロで走行するトラックは、1秒間に約22メートルも移動する。5Gの伝送遅延は4Gの10分の1とされているだけに、より一層の安全性が確保され、より高速での走行が可能となる。車間距離も、遅延が少なくなる分、より短くすることができるようになる。

2017年度から5G実証試験の「請負人」に選ばれたソフトバンクは、茨城県の日本自動車研究所城里テストセンターのテストコースで、隊列走行時の通信に5Gを使い、その実用化に向けて技術の検証と評価を行った。実験にはソフトバンクの子会社で自動運転バスの実用化を目指しているBOLDLY(ボードリー、旧・SBドライブ)や先進モビリティなども参加した。

V2Vにおける5Gのデメリットを補う「ヌルフィル化」とは？

CACCの肝である、先頭のトラックと後続のトラックを結ぶ車車間の電子連結技術は現在、2種類ある。ひとつは高速道路沿線上に設置された5G基地局を経由して各車が通信を行うV2N2V(Vehicle to Network to Vehicle)。これが既存のシステムだ。もうひとつが、V2V(Vehicle to Vehicle)と呼ばれる、車両と車両とを直接つなぐ5G通信である。

5G技術の中で、5Gの新たな無線伝送方式が5G－NR(New Radio)と呼ばれている。従来の4G－LTEから一歩進んだ「新しい無線」方式である。しかし5G－NRを利用できる装置はそれまで、基地局を経由するV2N2Vしか使えなかった。

5Gは低遅延や大容量など様々なメリットがある一方、デメリットもある。そのひとつは、4Gに比べて電波の指向性が格段に増すことだ。一定の距離とスピードを維持した状態で、まっすぐに隊列走行しているとき、車車間で5G通信しようとすると、通信状態は安定している。ところが、カーブに差し掛かったり、車線変更をしようとしたりしたとき、お互いのトラックの向きが平行ではなくなる。するとたちまち、受信レベルが大幅に低下し、場合によっては通信が遮断される恐れが出てくる。通信が途絶えると、トラックどうしが連携できず、場合によっては事故にもつながりかねない。このためV2Vは実現していなかったのだ。

しかしV2N2Vをしようにも、基地局の圏外ではそもそも通信ができないという問題があった。そこでソフトバンクは、基地局圏外でもトラックどうしが直接通信できるような5G車載端末の開発に挑戦したのである。

課題は、指向性の問題だ。ソフトバンクの開発陣はまず、デジタルビームを利用した実験を行い、機能的には成功した。確かに通信面の問題は解消できた。しかし消費電力やコスト、装置の大きさなど、実用面で新たな問題が生まれた。そこで、より簡易、かつ低コストの技術としてソフトバンクが独自に開発したのが、「ヌルフィル化」とよばれる最新技術を活用したアンテナだ。受信強度が弱くなる「ヌル点」と呼ばれる方向でも一定の電波強度を確保できるように改良した。

もちろん、基地局を経由するV2N2Vと、トラックどうしが直接通信するV2Vは、併用可能だ。

2019年4月、ソフトバンクは5G－NRを使ったV2V通信の屋外フィールド試験を実施し、基地局圏外における5G車載端末間の直接通信で、無線区間の遅延時間が1ミリ秒（1000分の1秒）以下となる低遅延通信に世界ではじめて成功した。

その2カ月後の同年6月には、新東名高速道路の試験区間約14キロでＣＡＣＣの実証実験を行った。一般車両も走行する実用的な環境下で、トラック３台が時速約70キロで隊列走行し、安定したＶ２Ｖの車車間通信を行った。ソフトバンクによれば、５ＧでＶ２Ｖを用いたＣＡＣＣに成功したのは、世界初である。

わずか10メートル間隔での自動隊列走行に成功

車両間で通信される情報は、大きく2種類に分けられる。ひとつは車両の位置情報をはじめ、アクセルやブレーキ、ハンドル操作など車両制御系の情報だ。数十バイトから数百バイトという少量のデータが頻繁にやりとりされる。

もうひとつは後続車の周囲を監視するなど、映像監視系の情報だ。トラックに搭載されたカメラや電子ミラーで撮影された映像が、後続車から運転手のいる先頭車へリアルタイムで伝送される。この際の伝送は数十メガｂｐｓという大容量のデータとなる。こうした大容量通信は、５Ｇの得意とするところだ。

遠隔監視センターが遠隔監視を行う場合、先頭車と後続車の双方から、センターへ映像が送信される。センターでは映像を見ながら、隊列走行に異常がないかどうか監視する。先頭車の運転手に何らかの異変が生じた場合、センターからトラックに緊急停止信号を送信することも、将来的には可能だ。

２０２０年2月には、新東名高速道路のトンネルを含む試験区間約20キロで、３台のトラックが時速約80キロで走行しながら、わずか10メートルの車間距離で隊列を維持することに成功した。

この実験では、後続車の自動操舵制御が新たなテスト項目として加わった。それまで後続車のハンドル操作は、後続車の運転手がしていただけに、無人隊列走行の実現に向けて、大きく一歩を踏み出した。

もちろん、今後の課題も多い。高速道路では隊列走行ができたとしても、最終目的地が違えば、人手不足の解消対策にはならないという意見もある。隊列走行を組むにしても、高速道路に乗る前に隊列を組む場所がないという現実的な課題もある。逆にいえば、こうした課題をクリアできれば、トラックの隊列走行は実用化される可能性が高い。まずは空港や港湾など、一般車両の入らない専用道で実現するかもしれない。

物流事業の生産性を20%向上させるスマート物流

トラックのみならず、バスの隊列走行の研究も一部で始まっている。JR西日本とソフトバンクは、自動運転と隊列走行技術を用いたBRT（Bus Rapid Transit＝バス高速輸送システム）の開発プロジェクトを開始すると2020年3月に発表した。このプロジェクトには、先進モビリティも参加し、異なる自動運転車両がBRT専用道内で合流して隊列走行を行う「自動運転・隊列走行BRT」の実現を共同で推進するとしている。

内閣府では物流事業の労働生産性を20％以上向上させるとして、「スマート物流」サービスの実現に向けた検討を重ねている。そのためにトラックの積載効率の向上、モノの動きの見える化、輸送手段の共有化や物流センターの自動化など、様々な取り組みが検討されている。そのスマート物流を支える重要な構成要素のひとつがトラック輸送である。

同時に、新型コロナウイルスにより外出が制限されたり、自粛が要請されたりした中で、トラックによる物流のニーズが格段に増加した。運輸業界の仕事は社会にとって必要不可欠な、いわゆるエッセンシャルワークであり、トラック運転手の負担軽減、人材不足の対応策として、自動運転と5G技術を使った隊列走行への期待が高まっている。

安全性確保に大きく資する「スマートハイウェイ構想」

高速道路と5Gで、もうひとつ紹介したいのが、「スマートハイウェイ構想」だ。

日本では1950年代半ばから公共インフラの建設ラッシュが起きた。高度経済成長時代を支えた高速道路やトンネル、橋梁だが、完成からすでに約半世紀がたち、老朽化が深刻な問題となりつつある。

こうしたインフラは土木技術者が手作業で触診や打音による検査を行い、安全性を確認している。しかし技術者が減って人手不足が深刻になりつつある。そこで注目されるのが、ドローンやロボティクス、AIなどのテクノロジーを用いた、新たな検査手法だ。

そのひとつとしてソフトバンクは、5Gを活用したスマートハイウェイの実現に向けて2019年、愛知県内で実証実験を行った。有料道路の橋げたや橋脚に、微小な振動を監視する加速度センサーを合計32台設置し、多数のポイントで得られた振動データを5G回線で収集した。取得されたデータは容量がかなり大きく、4G回線では対応できなかったため、従来はセンサーのメモリーカードを手作業で一つひとつ取り外して回収するしかなかったものだ。これが5G回線を使えば、大容量、多数同時接続の特徴を活かしてリアルタイムで、しかも容易にクラウド上で収集できる。施設の異常を遠隔地でも検知できるのだ。土木技術者の負担軽減のみならず、インフラの安全性確保に大きく役に立つ。

インターチェンジ付近にはカメラを設置し、ソフトバンクが開発した可搬型5G基地局「おでかけ5G」を配置した。高精細な映像を5G伝送して、高速道路上の落下物や逆走車などをAIが検出する。従来のハイビジョン画質では検出できなかった小さな物体も確認できるようになり、パトロール員の安全性確保と監視の効率化、見落としの低減などが期待されている。

無人の体制で安全が確認されているハイウェイを、遠隔操縦されたトラックの無人隊列が走行する時代が、もうそこまできている。

地方の自治体が期待する「遠隔型自動運転」の現在位置

遠隔管制卓から自動運転車を走行させる実証実験

「前、後ろ、よし。左右よし。歩行者なし。出発します」

座席に座ったオペレーターが出発のスイッチを押すと、静かに車が走り出した。座席の前に設置された大型モニターには、車内から見た4方向、つまり前方と後方、右側と左側の映像が映し出されている。スピードがあがるにつれて、風景が後ろに流れ去ってゆく。モニターの右上には、スピードメーターが表示されている。手前にはハンドル、足元にはアクセルなどのペダルが取りつけてある。これがワンセットで、まったく同じシステムがすぐ隣に、もうワンセット設けられている。モニターを使っていることからわかるように、ここは実際の車内ではない。

車の運転を練習するためのシミュレーターか、はたまたゲームセンターのドライブゲームかと思われるかもしれないが、そうではない。確かに車内ではないが、しかしこの場所から、実際に車を監視し、運転できる遠隔管制卓なのだ。しかも、2セットあるシステムの前に置かれた椅子は1脚だけ。つまりひとりで、2台の運転を担当するのである。

興味深いのは、それだけではない。オペレーターはハンドルを握っていない。それにもかかわらず、車両側のハンドルが勝手に動いている。車は、自動運転で動いているのだ。

2019年2月9日、愛知県一宮市の一般道で5Gを使った、遠隔型自動運転の実証実験が行われた。5Gを使って複数の自動運転車を公道で走行させる実証実験は、日本ではじめての取り組みである。

この実験は愛知県が取り組んでいる「自動運転実証推進事業」の一環として実施されたものだ。事業は、測量システム開発大手のアイサンテクノロジーが幹事会社として、全体のとりまとめを担当した。KDDIは実験用の5Gをはじめ、車載通信機や遠隔管制卓とクラウドシステムをつなぐ通信システムを構築した。ベンチャー企業のティアフォーは、自動運転用ソフトウェアの運用を支援した。損保ジャパン(旧・損害保険ジャパン日本興亜)、名古屋大学、それに名古屋市に本社を置く専門商社の岡谷鋼機なども参加し、それぞれの専門分野で協力して実験が行われた。

4G車と5G車の違い

一宮市の市街地にある「KDDI名古屋ネットワークセンター」。その一室に、遠隔管制卓が設けられた。センターの駐車場には、自動運転向けに改造された2台のトヨタエスティマが用意された。

右が5Gの実験車両。左が4Gの実験車両（提供：KDDI）

2台に共通するシステムは、ティアフォーが中心になって開発している自動運転用オペレーティングシステムの「オートウェア」。それにアイサンテクノロジーが製作した自動運転用の高精度三次元地図。この2つがプラットフォーム技術として搭載された。

2台の違いは通信環境である。1台には5Gのシステムがセットされた。実験当時はまだ商用の5Gが開始されていなかったため、KDDIがコース沿いに5Gの基地局を仮設した。もう1台には比較用に、従来の4Gのシステムをセットした。

搭載するカメラは、4Gの実験車では最高画質が約35万画素のSD（標準解像度）映像なのに対し、5Gの実験車には4Kカメラ1台が搭載されている。4K映像の解像度約885万画素で、SD映像の約26倍もある。4Kの高精細映像を伝送できるのは、4Gの約20倍という「超高速大容量」の無線能力を持つ5Gの特徴を活かしたものだ。

事前に作成した高精度三次元地図を用い、車両の屋根に取りつけられたレーザースキャナーのライダーで周囲を検知しながら、事前に決められたルートを走行する。今回搭載されたライダーでは、自車をとりまく全方向についてレーザー光を利用し、約１００メートル先まで数センチ単位で物体との距離を測定可能となっている。

２台とも、今回の実験では運転席は無人の状態で、自動運転をメインに運行される。外見的には車が運転の主体となる自動運転のように見えるが、そうではない。遠隔管制卓に座るオペレーターがドライバーなのだ。万一、事故が起きた場合、道路交通法や刑法上の責任を問われるのは、オペレーターとなる。今回の実験では、関係省庁や地元の警察から特別の許可を得ての実施となった。

許可された内容についても、４Ｇ車両と５Ｇ車両で違いがある。それは最高速度だ。ブレーキをかける場合を想定しよう。ドライバーが乗車してブレーキをかける通常の場合に比べると、遠隔で管制する場合、車から映像などの情報が管制卓に伝送されて画面に表示されるまでの時間、さらにオペレーターの出したブレーキなどの指示が車両に伝送される時間が余分にかかることになる。この時間のロスを踏まえ、４Ｇ車両に対して従来の実験で許可された最高速度は時速15キロだった。単純計算で１秒間に４・２メートル移動する距離となる。

一方、５Ｇの伝送遅延は１ミリ秒（１０００分の１秒）で、４Ｇの10分の１とされているだけに、より一層の安全性を確保できることになる。この特性を活かして、５Ｇ車両の最高速度は時速30キロに緩和された。遠隔型自動運転による公道走行のスピードとしては、これまでの実証実験で最高となった。

ＫＤＤＩコネクティッド技術部長の中山典明は、自動運転に果たす５Ｇの役割を次のように解説する。

「通信のスペックからいうと、ひとつは、帯域が広くなることで、例えば高画質なカメラの画像を送れます。もうひとつは、低遅延が期待できます。カメラの画像を遠隔地で確認して、そこから制御するとき、通信を使ってその信号を車まで届かせるには、通信の遅延が短ければ短いほど、リアルな管制、制御ができます」

自動運転では将来的に、自車周辺の渋滞状況などを受信し、自車からは周辺の環境をサーバーに送信することになる。こうした膨大なデータのやりとりに、５Ｇが有効となる。

レベル４以上でドライバーがいない自動運転に関して、現在の技術や法律はまだ対応できていない。その意味からも、離れた場所にいるオペレーターがドライバーの役割を果たす遠隔型の自動運転に対する期待が高まっている。超高速大容量、超低遅延で、しかも途切れることのない超高信頼の通信技術が自動運転に求められている理由のひとつはそこにある。ちなみに内閣官房ＩＴ総合戦略室が２０２０年７月に発表した「官民ＩＴＳ構想・ロードマップ２０２０」では、高速道路でのレベル４自動運転システム搭載車の市場化を、２０２５年を目途に見込んでいる。

実験では２台の車両に、念のための安全対策として助手席にもブレーキを設置した。助手席には別のオペレーターが座り、現場の判断でブレーキをかけたり、自動運転のシステムを停止したりできるようになっている。

ティアフォー取締役ＣＯＯ（最高執行責任者）の田中大輔は「基本的には遠隔操作者側に事故責任がありますので、スタートのスイッチや指令は、遠隔側で行います。助手席のオペレーターと携帯電話やスカイプをつないだままの状態にして、二重、三重のセイフティネットを構築しました」と、万全の安全対策を強調した。

人間の力と機械の力を融合するためにも通信技術が不可欠

午前９時、２台の実験車はネットワークセンター周囲の県道など、片側１車線の公道を巡回する別々のコースでスタートした。１周あたり、10～15分の距離である。それを何回も繰り返した。後部座席には愛知県の大村秀章知事や一宮市の中野正康市長も試乗したほか、モニターに応募した一般市民も体験乗車した。

トヨタが本社を構える愛知県は自動車製造品の出荷額が全国１位であるだけでなく、自動車保有台数も全国１位、そして２０１８年まで交通死亡事故16年連続ワースト１位でもある。このため愛知県は自動車産業の振興に加え、交通安全対策を重視する立場からも、自動運転の推進に力を入れている。

センター周辺は住宅地ということもあり、道路は比較的混雑している。そうした中でも、２台の実験車両はスムーズに自動運転を続けた。

KDDI 名古屋ネットワークセンターの一室に設置された遠隔管制卓（提供：KDDI）

事前の想定で、例えば前方に路上駐車があって走行車線が狭くなったりした場合には、自動運転の機能でとりあえず路肩に車を寄せて停止させる。そのうえで、オペレーターが操作したほうがスムーズにいくと判断されたときは遠隔操作に切り替えるようにしていた。当然のことだが、緊急時も遠隔操作を入れるというオペレーションで運行した。

途中で1回だけ、5G搭載車両で遠隔管制卓のオペレーターが介入したケースがあった。アイサンテクノロジー取締役の佐藤直人は「ドライバーの責任として緊急停止をかけた」と説明する。

「歩行者の飛び出しに近いものがありました。時速15キロで走行しているとき、目の前にすーっと入ってきた感じです。危険と判断して、遠隔監視者が停止ボタンを押し、ブレーキ介入をしました。実験車両の自動運転システムも、ほぼ同時に急ブレーキをかけました」

自動運転のシステム任せでも、まったく問題はなかった。しかしオペレーターが介入したのは、事故が起きた場合、法的な責任を問われるドライバーは遠隔管制卓のオペレーターだからである。

事業者が行ったインタビューに対して、運転席にドライバーのいない実験車に試乗した市民からは「生き物のような、不思議な感じがしました」「案外、スムーズに動いていました」「不安はないですね」などと、スムーズな運行を評価するコメントが寄せられた。高齢者からは「免許証の返納とか思っておりますが、こういうのができればいいんじゃないかな」との期待の声が聞かれた。

面白かったのは、「いままで自動車と言っておりましたけれども、こう考えてみますと、いままでは〝手動車〟ですね。これから本当の〝自動車〟の時代が来るのかな」との感想である。確かに自動運転の車は、これまでの自動車とは別物という気持ちを抱かせる。

実験の担当者は、4Gと5Gの違いを、実感できただろうか。アイサンテクノロジーの佐藤は、確かな手応えを感じたようだ。

「従来の4Gですと、私の実感としては、わずかに遅延があると感じます。例えばそれが1秒だと仮定すると、時速15キロでも4メートル進みます。現実に車はすでに前に行っているのに、1秒後ろの世界で操縦するのは、非常に難しい。それが低遅延の5Gになったことで、実験で得られた実感としては、かなり実際の運転に近い感覚で、車を操作できたと思います。やはり5Gは有効だという結論に達しました」

遠隔操作で感じられる遅延は、通信の遅れだけではなく、カメラで撮影した映像を圧縮して伝送し、それをまた復元して再生するという処理も含めた遅れも含まれている。５Ｇで大容量の伝送が可能となり、圧縮処理を行わずに伝送できるようになったとしてもやはり画像処理にかかる時間は必要で、全体の遅延がそのまま10分の１になるわけではない。それにしても遅延が大幅に短縮され、実際に乗車して運転しているような感覚で操作できるようになった。

ティアフォーの田中は「安全な自動運転の技術を確立するには、人間の力と機械の力を融合させていく必要があり、そのためにも通信技術は不可欠」と強調する。

「自動運転の技術をどこまで高めていったとしても、それだけでは１００点をとれない世界がどうしてもあります。遠隔で、ひとりが複数台を見ていくシステムを作っていかないと、自動運転の最大のメリットをみなさんにお届けすることができない。そのためには低遅延で、しかも確実に違和感なく操作できるネットワークが必要だと思っています」

「遠隔型自動運転」のこれから

前出の「官民ＩＴＳ構想・ロードマップ２０２０」によれば、ひとりの遠隔操作者が１台の遠隔管制を行う事業はこれまで東京、愛知、石川、神奈川、それに福井で公道での実証実験が行われている。さらに1人で複数台を遠隔で管制する事業は福井、それに今回紹介した愛知で実施されている。

こうした実験を踏まえたうえで、経済産業省と国土交通省で開催する自動走行ビジネス検討会では、人や物の移動を含めた「無人自動運転サービス」のロードマップを策定している。それによれば、早ければ2022年度頃には廃線跡などの限定空間で遠隔監視のみの無人自動運転移動サービスが開始され、2025年度を目途に40カ所以上にサービスが広がる可能性があるとしている。

今回紹介した実証実験の中核を担っているアイサンテクノロジー、KDDI、ティアフォー、損保ジャパンの各社はMobility Technologies（旧・JapanTaxi）と共同で、タクシー車両に自動運転のシステムを導入し、配車アプリや地図データ、サポートセンターを含むサービスの実証実験を進めている。

これについてKDDIビジネス開発部MaaS事業推進グループリーダーの松浦年晃は「今後は自動運転の社会実装が進み、タクシーやバス、さらに宅配にも自動運転が導入されて、なくてはならない存在になっていくと思います。まずは安心、安全が大前提ですが、それに加えて、混雑を回避したルートをしっかり認識して自動運転車両が効率よく移動するなど、付加価値を提供できるよう、チャレンジしていきたい」と話す。

アイサンテクノロジーの佐藤は、遠隔型自動運転について「2桁の数の自治体から新しい公共交通として検討したいと相談が寄せられている」という。

「技術面以外でも車両をどれだけ用意できるか、どれだけ低コストで提供できるか、さらには地元の交通事業者様を巻き込んだ継続的な事業モデルが組めるかなど、多くの課題が残っています。期待先行型ではありますが、それを実現すべく、各社で協力してがんばっていきます」

特に、公共交通の衰退が深刻な地方の自治体にとって、遠隔型自動運転は期待の星なのだ。

4-3 自動運転を下支えする「ダイナミックマップ」

カーナビ用地図に比べ 圧倒的に大きなデータを持つ高精度三次元地図

自動運転を下支えする重要なシステムとして、次に紹介したいのがダイナミックマップだ。マップという名前がついているように、地図の一種だが、自動運転で自車の位置を推定し、走行路線を特定していくための、土台ともなる重要なテクノロジーであり、5Gの活用が期待されている分野でもある。

そのダイナミックマップだが、複雑な構造を持っている。一般的にイメージされる地図のうえに、様々な時間軸で移り変わる各種情報を積み重ねた集合体なのである。「動的」「状況が変化する」を意味する英語の「ダイナミック」という言葉を冠した所以だ。

具体的には、下から上に積み重なるイメージで次の4つの階層に分類される。ただしこの階層は概念的なもので、厳密に定義されているものではない。

一番下で基盤をなすのが「静的情報」と呼ばれる、高精度の三次元地図（HDマップ）だ。衛星を

ダイナミックマップを構成する４階層。
下から静的情報、準静的情報、準動的情報、動的情報（提供：ダイナミックマップ基盤）

利用した「測位」、道路周辺の「計測」、ベクトルデータの「図化」、データの「統合」の４段階を経て、完成する。路面情報や車線情報、制限速度に加え、建物の位置情報などが含まれている。残念ながら、既存のカーナビゲーション用地図では代替できない。ドライバーが読むために作られているカーナビでは、データが圧倒的に不足するからだ。

具体的に説明すれば、自動運転の車が走行経路に沿ってスムーズに走れるよう、車線（レーン）を決め、さらに車線内でどの軌跡を走るのかが示されなければならない。さらに車線を変更するためのレーンネットワークも必要とされる。内閣府が官民連携で推進する「戦略的イノベーション創造プログラム（ＳＩＰ）」のプロジェクトでは、ダイナミックマップに求められる相対位置の誤差について25センチ以内と定められており、きわめて高い精度の情報が求められている。高速でハンズオフの自動運転をする場合、メートル単位を下回る精度が必要とされているためだ。

前節の一宮市の実証実験で「高精度三次元地図」を用いると書いたのは、このＨＤマップのことだ。確かに車に搭載されたライダーは、１００メートルから２００メートル以上先の情報を探知することができる。ほかにミリ波レーダーや超音波ソナーもある。人に例えれば目や耳に相当する機能が備わっているのだから、それで十分と思われるかもしれない。

しかし時速40キロで走っている車は、１００メートルを9秒ほどで通過する。時速80キロなら4・5秒の計算だ。ＨＤマップのデータがない状態で自動運転の車が少しスピードをあげると、前方のカーブをライダーが感知するたびに、急ハンドルが続くことになり、乗り心地が悪いことこのうえない。しかし三次元のＨＤマップがあれば、カーブや道路のアップダウンに対するハンドルやアクセル操作を、余裕をもって行うことが可能となり、安全面でも効果的だ。

ダイナミックマップの次なる階層は、「準静的情報」と呼ばれ、標識情報や通行規制情報など、比較的変動の少ない情報が該当する。その上の階層が「準動的情報」で、渋滞情報や事故発生情報など、比較的短時間で変化する情報だ。最後の「動的情報」は、移動する車やバイク、自転車や歩行者など、刻々と変化するデータである。これら時間とともに変化する「準静的情報」「準動的情報」「動的情報」をＨＤマップに紐づけしたものが、ダイナミックマップなのである。

「オールジャパン」の事業会社が発足

ＨＤマップこそ、ダイナミックマップの基盤となるものだが、そのデータ構築には多くの経費と時間が必要となる。そこで国内の大手自動車メーカー10社をはじめ、大手地図情報会社など、自動運転に関係する国内の主な企業が連携して整備、維持、提供をしていこうと、２０１６年６月に企画会社として設立され、翌２０１７年６月に事業会社として発足したのが「ダイナミックマップ基盤」である。前出のアイサンテクノロジーも、出資した一社である。その名のとおり、ダイナミックマップ全体を構築するのではなく、その基盤となる静的データの構築を目的としている。

ダイナミックマップ基盤はこれまで、高速道路など国内の自動車専用道で上下線合計約３万キロのＨＤマップを整備し、すでに商用化している。

日産が実用化している「プロパイロット２・０」、すなわち高速道路など自動車専用道の同一車線内でハンズオフ（手放し）運転が可能な先進運転支援システムに、ダイナミックマップ基盤のＨＤマップが搭載された。

２０２１年３月にはホンダが、世界初の自動運転レベル３を実現する「Ｈｏｎｄａ ＳＥＮＳＩＮＧ Ｅｌｉｔｅ」搭載車の発売を発表した。このシステムにもダイナミックマップ基盤のＨＤマップが採用されている。

ダイナミックマップ基盤で事業企画担当執行役員を務める雨谷（あまがい）広道は、三菱電機の出身だ。三菱電機は航空宇宙分野で培った技術を活かしたＭＭＳ（Mobile Mapping System＝移動式高精度三次元計測システム）を世界に先駆けて開発した。衛星電波を受信するＧＰＳアンテナやレーザースキャナーが一体となったユニットを車の天板上に装備し、時速１００キロのスピードで道路周辺の三次元空間を計測可能だ。このＭＭＳがＨＤマップ作りで中心的役割を果たしている。

雨谷は「当初は国の公共測量に使われていました。それが15年たって、ひょんなことから自動運転に使われる世界がきたのです。運がいいというか、最初から狙ったわけではありません」と話す。確かに偶然の産物ではあるかもしれないが、自動運転とはこうした様々な技術の結晶ということなのだろう。

興味深いのはＨＤマップで構築される「ジオフェンス」という、仮想のフェンスだ。道路の一番左端の縁石などがある部分に設定し、自動運転の車は絶対ジオフェンスを越えないようにすることで、暴走事故を防いだり、歩道の歩行者を守ったりすることができるのだ。

リアルタイムでたくさんの車に地図データを配信するために

このＨＤマップ作りでも、５Ｇに期待が寄せられている。

現在、ダイナミックマップ基盤が作成したデータは前述したとおり、約３万キロ分。記録媒体にデータを保存して有償で提供が始まっている。レベル３の自動運転が可能なのは、いまの段階では高速道路など自動車専用道に限られているからだ。しかし将来的には、一般道にも自動運転が広がっていくだろう。そうなると、全国約120万キロ分のデータを車載情報にするのはむずかしくなる。そこで5Gの出番になると、雨谷は語る。

「自車の位置に対してリアルタイムに地図を配信しないといけなくなる可能性があります。そのとき、たくさんの車に対して、絶えず切れ目なく適切にデータを配信するという面で、5Gが相応しいと思っています」

データを計測し、整備する効率をあげるのにも5Gは有効だ。

「計測してみたけれど、事務所に戻って確認してみたら、GPSの精度が悪くてデータが無効だった。もう一度、現地に行かなければならないということが、少なくない頻度であります。それが、大容量を伝送できる5G回線を使って現地で事務所のシステムと接続することにより、現地で結果を確認できるようになり、時間のロスを防げます」

ダイナミックマップ基盤が担当するのは、基本的にデータが変化しない静的情報だが、そうはいっても全国的にみれば道路の改修工事や新規工事が行われるため、計測したデータを更新していく必要がある。

「5Gを使えば、より早いサイクルでデータの更新ができるようになり、いっそう使いやすい形でデータを提供していける可能性があります」

5Gはデータの高度化にも役に立つ。ライダーを照射して収集するデータを「点群データ」と呼ぶ。X軸Y軸Z軸の基本的位置情報や色などの情報を持つ三次元データだ。

「我々が使うライダーは、レーザーパルスを毎秒約100万発も射出する点群密度が濃い機材と、2万~3万発ぐらいの機材など、いろいろあります。将来的な用途を考えると、100万発の方が利便性が高いのですが、そうすると大量のデータとなり、4Gでは遅延すると思います。それが5Gになれば、遅延することなくリアルタイムで送れます。データを車に提供する場合でも、データを間引くことなく、高精度の情報を伝送することができるようになります」

走っている車両からデータを集約することで鮮度を保つ

ダイナミックマップの動的情報は、走行する各車両からリアルタイムで伝送され、それが別の車両にフィードバックされることになる。例えば交通渋滞がおきて、各車が迂回する場合、全車が同じ迂回路をとると、こんどはそこが渋滞してしまう。そこで各車に別々の情報を提供する場合が考えられる。そんなときにも高速大容量、低遅延、多接続の5Gは威力を発揮する。

アイサンテクノロジーの佐藤は、次のように5Gの有効性を説く。

「これからHDマップの課題は、鮮度をどれだけ保っていけるかという段階になってきます。しかし日本全国、コストをかけてメンテナンスするのは難しい。ではどうするかといえば、走っている自動走行の車両から、センサーやカメラのデータをクラウド側に集約し、その情報をもとにHDマップを更新していく。こうしたデータのライフサイクルはこれからとても重要になってきます。そこでもやはり重要なのは、5Gです。データを車両に提供するだけではなく、車のデータを吸い上げていくところでも、重要な通信基盤になっていくと思います」

KDDIの中山も、通信事業者の立場から「非常にチャレンジングな部分になっていく」と話す。

「通信の役割の非常に重要な部分のひとつだと思っています。大量のデータをいかに集め、効率よくダイナミックマップを更新して、必要な車にいかに配信していくか。そこが通信事業者に求められている役割だと思います」

高精度の情報は、自動運転に役立つのはもちろんだが、それ以外にも、様々な期待が持たれている。道路の管理にも使えるし、自動運転のシステムを評価する際のシミュレーションにも利用可能だ。おもしろそうなところでは、デジタル空間で再現された道路を使って、カーチェイスなどドライブゲームを楽しむこともできそうだ。

最後に、これからダイナミックマップ基盤が果たすべき役割について、雨谷に聞いてみた。

「これからの高齢化社会に向けて、日本だけでなくグローバルに安全、快適で移動のしやすさにつながるデータを広く提供していきたいと思っています。我々は完全にダイナミックマップの基盤部分に特化し、様々な動的データを作られる方と一緒にダイナミックマップの世界を作っていきたいですね」

ダイナミックマップ基盤は2019年4月、北米で同じHDマップ事業を展開しているアッシャー社を買収した。同社のHDマップはすでに、ゼネラルモーターズの先進運転支援システム「スーパークルーズ」に搭載されている。ヨーロッパで同様の事業を展開するドイツのヒア社とは、協業関係を締結している。

遠隔型自動運転でも、ダイナミックマップの整備でも、5Gは欠かせない存在となってきつつある。

第5章

ローカル5Gが持つ様々なメリットと可能性

INTRODUCTION

携帯キャリアとは別に割り当てられるローカル5G

5G時代で注目されているのが、ローカル5Gだ。NTTドコモ、KDDI、ソフトバンク、それに楽天モバイルの携帯キャリア4社に割り当てられた周波数帯とは別枠で、事業者が国から免許を受けて、自社の私有地で直接5Gを運営するのである。これまでの4Gまでにはなかった展開だが、類似の例がないわけではない。

ケーブルの敷設が難しい工場内や製鉄所、携帯キャリアの通信網が使えない採掘現場やトンネル内、山間地の牧場などで、比較的小規模な通信ネットワークを構築する「プライベートLTE」だ。無線LANと違って免許が必要な周波数帯を使うため、電波の干渉がおきず、汎用性の高い技術で設置も比較的容易である。ローカル5GはプライベートLTEの技術をベースに、5Gの技術を取り入れて発展させたものといえる。

それにしてもキャリア5Gがあるのに、なぜわざわざ、そんな面倒なことをするのだろうと思う方もいるだろう。当然ながら、理由がある。

キャリア5Gが基地局を設置する場所は携帯キャリアが決めるため、なかなかカバーされない地域でも、ローカル5Gなら独自に基地局を設けることができる。加えて、自社専用のプライベートネットワークであるだけに、アップロードのさらなる高速化など自社のニーズに応じた柔軟な5Gシステムを構築できる。こうした様々なメリットがあるのだ。

この章ではまず、ローカル5Gについて概観する。

次にソフトバンクが提供を始める「プライベート5G」を紹介しよう。携帯キャリアのソフトバンクが提供するので制度的にはキャリア5Gの中に位置づけられるのだが、ローカル5Gとキャリア5Gの中間的存在で、使い勝手を重視した取り組みである。

さらに農業を例にとって、ローカル5Gの可能性を探ってみたい。

5-1 広がるローカル5Gビジネス

特定エリアでの運用が可能

総務省の電波部が2019年9月に出した「ローカル5Gの概要について」によれば、「ローカル5G」とは、「通信事業者以外の様々な主体（地域の企業や自治体等）が、自ら5Gシステムを構築可能とするもの」と定義されている。

その例として総務省は、事業者が工場に導入する「スマートファクトリー」、スタジアム運営者が導入する「eスタジアム」、自治体が導入する「河川等の監視」や「テレワーク環境の整備」、ゼネコンが建設現場で導入する「建機遠隔制御」、医療機関が導入する「遠隔診療」、農家が農業を高度化する「自動農場管理」などをあげている。

ローカル5Gで使用できる周波数帯は4・5ギガヘルツ帯のサブ6と、28ギガヘルツ帯のミリ波が用意されている。携帯キャリアに割り当てられた帯域と周波数帯は異なるが、キャリア5Gと同等の性能を発揮することができる。

その利用できる場所は当面の間、「自己の建物内」または「自己の土地内」が基本となる。これには賃借権や借地権を有する土地も含まれる。他の人の建物や土地で利用したい場合は、その所有者がローカル5Gを利用していない場合に限られる。これは道路をまたいでのローカル5G利用などを想定したものだ。

2019年に国に対する免許の申請受付が始まり、その後順次、免許が交付されて利用が始まっている。免許申請は原則として利用者が行うが、「建物や土地の所有者から依頼を受けた者が免許を取得し、システムを構築することも可能」となっている。依頼を受けたITベンダーが免許を申請して免許人となり、システムを構築し、依頼した側がユーザーとして利用することもできる。ネットワーク機器などを扱うITベンダーを中心に、ローカル5Gビジネスに参入する機会が生まれている。

ところで大手携帯キャリアがローカル5Gの免許を取得することについて、総務省は「全国サービス向け5G帯域の利用をまず優先すべきであり、さらに携帯キャリア向け帯域でローカル5Gと同様のサービスを提供可能であることから、当面の間はローカル5G帯域の免許を付与すべきではない」とした。

さらに、「キャリアのサービスを補完することを目的として、ローカル5G帯域を利用することは、ローカル5Gの本来の趣旨に反する」とも明記された。例えばローカル5Gの帯域と、携帯キャリアの帯域を束ねて、全国キャリアの利用者向けに提供することや、全国キャリアのサービスを実質的に補完するようなケースは望ましくない。

ただし、携帯キャリアがローカル5Gの免許を取得せず、第三者のローカル5Gシステム構築を支援することは可能である。

一方でローカル5Gの利用者が敷地外に端末を持ち出した際、そのまま携帯キャリアを利用することは問題ない。

システムについては、全国キャリアのサービスと同様、NSAでエリアを構築しつつ、必要な場所についてSA方式を設置することが想定されている。ローカル5Gは特定のエリア内だけで運用するため、SA方式を導入しやすく、その際は5Gの特徴をフルスペックで利用できることになる。

ローカル5Gのメリットとデメリット

携帯キャリアによるキャリア5Gの整備が遅れたり、SA化が見込まれたりしていないエリアでも、必要とあれば事業者が独自に5Gネットワークを設置できるのがローカル5Gである。

ローカル5Gで製造業を中心に期待されているのが「スマートファクトリー」での運用だ。

最近の工場は、多数の最新鋭ロボットがネットワークに接続され、協調制御で運用されている。そのための回線は、光ファイバーケーブルによる有線接続が多い。4Gや従来の無線LANでは通信遅延が起こり、複数のロボットが連動して動作するスピードに対応できなくなる恐れがあるからだ。このため工場内には多数のケーブルが存在する。そうなると、製品ニーズが変化して生産体制を見直したくなっても、そう簡単にロボットを移動させることができない。網の目のように張り巡らされた多数の配線を組み替える必要が出てきて、工場システムの根本的な見直しが必要となる場合もあるからだ。

加えて無線免許が不要な近距離無線では通信の容量が小さかったり、他の無線が干渉したりするなどの問題があった。

これがローカル５G導入で、劇的に変わると期待されている。ローカル５Gは、光ファイバーケーブルを使用したときと比べて遜色ない超低遅延を実現できるため、ロボットをケーブルレスでネットワークに接続することができる。そうなると、生産体制の見直しで生産ラインを組み替えたいときも、ケーブル関係の移動は電源だけなので、ラインの組み替えを比較的手軽にできるようになる。最近では同一規格の大量生産ではなく、多品種少量生産が求められている。ローカル５Gを活用すれば、作業工程の見直しや新製品への対応が迅速になり、時代の要請にも柔軟に応えることができるようになるのだ。

超高信頼低遅延を活かした遠隔操作も期待される。工場内でロボットを、病院で医療機器を遠隔操作したりできるようになる。建設現場では、高度な技術を持ったオペレーターが１人いれば、別の場所にある複数の重機を操縦したりすることも可能となる。

ローカル５Gだと、用途に応じた帯域調整が行えるのもメリットだ。キャリア５Gの場合、ダウンリンクに大きな帯域を割り当てている。一般の利用者を想定すると、ユーチューブや映画のダウンロードなどにメリットを感じる人が多いからだ。しかし、例えば工場や医療現場などで８K映像のような高精細映像をアップロードする作業が日常的にある場合、アップリンクの帯域を大きくとったほうが、作業がはかどることになる。こうした調整をできるのが、ローカル５Gの最大の魅力だ。

ローカル5Gは免許を受けた無線なので、免許が不要な無線LANよりも広い範囲をカバーできるのに加え、他の無線と干渉することもなく、通信状態も安定している。キャリア5Gと接続しないように設定すれば、外部から侵入される不正アクセスや、情報漏洩に対するリスクも減ることになる。

ほかにも、キャリア5Gに何らかの理由で通信トラブルが発生したとしても、ローカル5Gはキャリア5Gとは切り離されて独立したネットワークなので、キャリア5Gによる影響を受ける可能性は基本的にはない。

もちろん、ローカル5G導入のデメリットもある。第一に、免許申請を行わないといけない。国が指定する無線局免許を取得し、自社で運用しなければならない。手間がかかる上に、移動通信システムの構築に関する専門知識のない企業には、ハードルが高い。

第二に、費用面での課題がある。設置する無線局の種類や出力、設置場所などによって決められた電波利用料を支払わなければならない。当然のことながら、無線局を開設するための設備費用がかかる。特にミリ波を利用する場合は障害物に弱いため無線基地局を多く設置する必要があり、その分、経費がかさむことになる。専門のＩＴベンダーに委託するという手もあるが、これもコストとの兼ね合いになってくる。

企業と自治体で進むローカル5Gの活用

富士通は2020年3月、国内初となる商用のローカル5Gの無線局（基地局、陸上移動局）免許を総務省から取得し、神奈川県川崎市にある「富士通新川崎テクノロジースクエア」でローカル5Gの運用を開始した。

同社によれば、テクノロジースクエアにおいて多地点カメラで収集した高精細映像のデータ伝送にローカル5Gを活用し、AIによる動作解析で、不審行動などを早期に検知するセキュリティシステムを実現して、防犯対策を強化したという。また同スクエア一階にある「FUJITSUコラボレーションラボ」で、業務革新や地域課題の解決に向けたローカル5Gの様々なユースケースを創出し、具現化させるとともに、パートナー企業への導入支援なども行っている。

さらに同社はスマートファクトリーの実現に向けて、栃木県小山市にある小山工場でもローカル5Gの免許を取得した。ローカル5Gの免許は事業者が一括して受けるのではなく、ローカル5Gを使う場所ごとに免許を受ける必要があるのだ。

NECは2020年11月、SA型を含むローカル5Gをサービス型で提供開始すると発表した。ローカル5Gネットワークの構築から運用保守サービスまで含めて月額100万円から提供するとしている。

OKI（沖電気工業）は2020年12月からローカル5G支援サービスの提供を開始した。同社は工場内の高精細映像をローカル5Gで伝送し、同社が提供するAIエッジコンピューターで製品に異常がないかどうかを判定するスマート工場の実証実験にも取り組んでいる。

パナソニックはローカル5G導入支援サービスを、2022年に発売すると発表している。

自治体で見てみると、東京都が先陣を切って、ローカル5Gの免許を取得している。都立産業技術研究センターに設立されたDX推進センターで、地場の中小企業によるローカル5Gを活用した実験を支援している。東京都立大学も免許を取得し、ローカル5G環境を利用して「AI車椅子システムの社会実装」「通信資源の利用効率最大化」「多数のセンサーによる次世代マルチモーダルセンシング」など最先端の研究を進めることにしている。

ソフトバンクが進める「プライベート5G」とは？

プライベート5Gの定義

次に紹介するのは、携帯キャリアが展開するものなのでローカル5Gではない。しかしローカル5Gのようにスマート工場やスマート農場を構築することが可能で、しかも免許取得や保守運営の手間は自社で負担する必要がないという、「パブリック5Gとローカル5Gの中間に位置する」サービスだ。ソフトバンクは「プライベート5G」と名づけて、2022年度のサービス開始を予定している。携帯キャリア他社も同様の取り組みを進めているが、今回はソフトバンク版を紹介したい。

プライベート5Gは、ソフトバンクに割り当てられた5Gの周波数帯を使って、企業や自治体の敷地内に、必要なエリアカバレッジ、必要な容量の5Gネットワークを提供するというサービスだ。

日本ではソフトバンクだけが、この名称を使っているが、商標登録などはしていないという。日本経済新聞のデータベースで検索すると、「シーメンスは5Gの利点を生かしながら、生産データを工場の外に出さず拠点内で完結する『プライベート5G』の開発を進める」（2019年4月3日付け日本経済新聞）、「マイクロソフトは（中略）日本のローカル５Ｇにあたるプライベート５Ｇの準備に余念がない」（２０２０年11月7日付け日本経済新聞）という表現が出てくる。ドイツやアメリカのプライベート５Ｇは、日本のローカル５Ｇとほぼ同義的に使われているようだ。一方で楽天モバイルがアメリカの通信事業者と「プライベート５Ｇネットワーク」に関して提携したという２０２１年２月12日付けのプレスリリースを見ると、その「注」で、「通信事業者が自社に割り当てられた周波数帯を使用して、特定の企業や自治体専用の５Ｇサービスエリアを構築することをプライベート５Ｇネットワークといいます」と書かれている。こちらはソフトバンク的な運用を意味している。「プライベート５Ｇ」という表現は、世界的に見ればまだ共通したものではないようだ。

ここでは、プライベート５Ｇの定義についてソフトバンクに従うこととする。

プライベート5Gを利用するメリット

ソフトバンクデジタルオートメーション事業第２統括部統括部長の梅村淳史は「ローカル５Ｇに携帯事業者は参入できないのですが、通信事業者に割り当てられた周波数を使って同様のことはできるということが示されています。通信事業者が提供できるローカル５Ｇと同様のサービスは何だろうということで考えたのが、プライベート５Ｇなのです」と説明する。

プライベート５Ｇは、利用する自社の敷地内に、個別要件に応じた５Ｇネットワークを構築するという点では、ローカル５Ｇと同じだ。プライベート５Ｇは、それをキャリア５Ｇで行うものである。

梅村は「何よりもSAの構成を前提に組み立てさせていただこうとしているのがプライベート5G」という。つまり超低遅延や多数同時接続という5Gならではの特徴をフルに活用できるようになるのだ。

その結果、各社の用途に応じて、通信速度を高め容量を大きくした「超高速・大容量設定」や、通信遅延を短縮した「超低遅延設定」など最適な5Gネットワークを提供できるという。ただしアップリンクを高速化するチューニングについては、周辺の周波数の兼ね合いもあり、今後の課題だという。

その一方でローカル5Gとは違い、利用する企業や自治体は無線局の免許を取得する必要がない。通信事業者であるソフトバンクが企業や自治体の敷地内に自社の基地局を設置し、保守運用も担う。あくまでソフトバンクのネットワークだからだ。

つまりプライベート5Gを利用するメリットは、免許取得や保守運用の手間を自社で負担せずに、自社の要件に応じて個別に提供されるネットワークで、「超高速大容量」「超高信頼低遅延」「多数同時接続」という特徴を持つ5Gを使って、高度なICT環境を構築することができることだ。「プライベート5Gの提供がスタートすれば、これまで手間の面などからローカル5Gの導入を躊躇していた企業にも5G活用の可能性が開ける」とのことである。

ローカル5Gとの最大の違いは、あくまで広域で全国配備するキャリアネットワークの一部であることだ。

「プライベート5Gはソフトバンクの全国ネットワークの中の一部になります。物理的に分離された完全なＬＡＮ環境が欲しいのであればローカル５Ｇですが、仮想的なＬＡＮ環境でも構わないということであれば、プライベート５Ｇも選択肢に入ってくると思います」

仮想的なＬＡＮ環境とは、利用する環境内だけで通信が閉じる設定で、技術的には可能だという。

「いまの想定では一般の方が入ることのない工場や倉庫など、特定の場所で特定の方だけが使うネットワークという位置づけにしております」

気になる利用料金だが、ローカル５Ｇとの比較も含めて未定とのことである。

「サービスインまでまだ少し時間がありますので、具体的なユースケースや展開計画を相談させていただきながら、最終的なサービスに向けて準備していこうと思っています」

ソフトバンクには特に製造業から、プライベート５Ｇに関する相談が多く寄せられているという。５Ｇ普及の方策として第一にキャリア５Ｇ、第二にローカル５Ｇがある。特定のエリアで使い勝手を向上させるプライベート５Ｇも登場することで、利用者にとっては選択の幅が広がるということになる。

5-3 ローカル５Ｇで目指す農業エコシティ

ＤＸ推進センターのイベントで披露された農業ロボット

「ＦＡＲＢＯＴ（以下、ファーボット）は、リモートセンシングによる自律型農業ロボットです。農場内の環境状況を動きながらデータ化するだけでなく、生育状況などもデータ化します。ローカル５Ｇを活用することにより、離れた場所からも超高精細の映像で生育状況を確認し、遠隔指導することが可能となります。現場で確認しなければならなかったものが、遠隔地でも詳細に見ることができるようになり、農作業の効率を大きく高めることができます。将来的にはファーボットに農家のアバターのような存在になってもらいたいのです」

ファーボットは農業ベンチャー「銀座農園」が開発したマルチユース型農業ロボットだ。２０２０年10月、東京都知事や東京大学総長、ＮＴＴ東日本社長が揃い踏みした「ＤＸ推進センター」のオープニングイベントで披露された。

東京の臨海副都心にある東京都立産業技術研究センター（以下、都産技研）は同年11月、中小企業などによるＤＸ（デジタル・トランスフォーメーション）を支援する拠点として、ＤＸ推進センターを開設した。ＤＸは産業のビジネスモデル自体を変革しようとする取り組みだ。東京都は同年６月、地方自治体としてははじめて、ローカル５Ｇの基地局免許を取得した。ローカル５Ｇは、企業や自治体が特定の敷地内でスポット的に５Ｇを構築するシステムだ。都産技研はＩｏＴやロボット技術を開発する中小企業を支援しているが、そこに５Ｇを組み合わせて、より高い価値を持つ製品や技術を生み出す狙いがある。

オープニングイベントでは実際にローカル５Ｇの電波を利用し、東京都調布市にあるＮＴＴ東日本の「ローカル５Ｇオープンラボ」から遠隔で、ＤＸ推進センターに置かれたファーボットを操作する実験を行った。ファーボットは縦60センチ、横50センチの箱型で、重さは約30キロ。下部には動力のついた車輪が取りつけられ、ビニールハウスなどの農場を自由に動き回ることができる。機体の上部に据えつけられた４Ｋカメラの映像で、作物の生育状況を確認する。機体にはセンサーが搭載され、プログラムに従って自律走行することも可能だ。

実験ではイベント会場のモニターに、ファーボットが撮影しているいちごの映像と、調布市から遠隔で操作する様子の両方を映しながら、遠隔操作を検証した。調布市のラボでは担当者が、ファーボットの４Ｋカメラ映像を見ながら操作する。ローカル５Ｇの安定した超高速大容量で超高信頼低遅延通信により、遠隔監視や遠隔操作に必要な高精細な映像の伝送、そして制御が実現できている。

ＤＸ推進センターには、傾斜路走行試験装置も用意されている。ファーボットは５度の緩い傾斜面を問題なく走行することができた。ファーボットを応用し、上部に紫外線ランプの機能を備えたUVバスターというロボットも開発している。強力な紫外線UV－Cを照射し、新型コロナウイルスを不活性化することが可能となる。センターの実験スペースを利用し、実際の環境に近い形で検証が進められている。

農業ベンチャー「銀座農園」がローカル5Gに注目した理由

ファーボットを開発している銀座農園は、5G時代に対応した「アグリテック」で注目を集めている。AIやロボットなどのテクノロジーで農業課題を解決する取り組みだ。創業したのは、1974年生まれの飯村一樹である。

飯村は大学で建築工学を学び、大手不動産会社で一級建築士として設計エンジニアリング業務に携わった。その後ベンチャーに転じて、不動産の有効活用と金融工学コンサルティングに腕をふるった。会社は上場して業績は好調だったが、地方の商店街再生で金融アドバイザーを務めるうち、地域づくりの課題に直面した。

「地元の商店街の人たちの与信では、銀行から商店街を再生するための資金調達ができなかったのです。やはり地域の産業自体を強くしないといけないと改めて感じました。地域の基幹産業といえば、一次産業であり農業です。そこで農業の世界に入ったのです」

農業が盛んな土地で生まれ育った飯村は、母方の実家が酪農家で、農業の大変さ、そして重要さを肌で知っていた。農業で地域の魅力ある産品を作ることができれば、地域力は高まると考えた。飯村は２００７年に農業ベンチャーを立ち上げた。

「（故郷の）茨城に戻って農業生産をするか、東京で販売をするか、悩みました。親しい農家に相談しているうちに、一般の農家ではできない破天荒な農業から始めてみよう。『よし、銀座でコメを生産してみよう』と決意することができました」

２００９年に銀座で１００平方メートルの土地を借りてコメ作りに挑戦した。その土地の価格は16億円だった。さらに表参道のビルの屋上にはオシャレな貸し農園を作って、話題を呼んだ。その後、生産者と消費者をつなぐ都会の拠点として、有楽町をはじめ都内数カ所に農作物の直売所「マルシェ」を設けている。

生産技術の開発と、生産現場の開拓も積極的に進めている。フルーツトマトやイチゴを効率的に栽培できるプラントを開発し、シンガポールとタイに進出した。しかし、農業技術を学んだ社員を現地に送り込んでも、慣れない外国での仕事や生活に悩み、辞める人が続出した。海外での農業ニーズがあるのに戦える人材がいない。

様々な機能を持つロボットの新型ファーボット。写真は農薬散布の様子（提供：銀座農園）

「シンプルな発想で、ロボットに日本の農業技術をインプットできたら、農業ロボットは世界に売れると思ったのです。それがロボット開発に乗り出したきっかけです」

まずは農場のデータ化を行うロボット開発から始まった。従来の農業機械は、定点カメラや定点センサーで測定する手法が一般的だった。しかしひとつのハウスでも、北側と南側では温度が数度も違うことがある。植物にとって重要な酸素濃度も、出入り口から離れた中央付近では薄くなるケースも多い。そこでロボットが走り回りながら、様々な情報を収集してＡＩで分析する仕組みを作ろうと考えた。定点では取得できないデータもセンサーが動き回ることで精緻なデータを取得できる。飯村は２０１７年にファーボットの開発をスタートさせた。

「中でも我々は、映像による農場のデータ化に注目しています。収穫物や病害虫の確認に、不可欠だからです」

最初は、通常のウェブカメラを装着したが、解像度が不足して、十分なデータが得られなかった。4Kカメラを装備して解像度をあげると、無線LAN環境では伝送した映像がブツブツ途切れてしまう。そこで注目したのが、ローカル5Gだったのだ。

生産性向上のためにICT・IoTを活用する

東京都調布市にある「NTT中央研修センタ」の敷地内に、大規模なビニールハウスが建設されている。その中で働く重要な戦力として、ファーボットは期待されている。開発した銀座農園を高く評価するのが、「NTTアグリテクノロジー」社長の酒井大雅(たいが)だ。

「お客様のユースケースに応じたチューニングを、きわめて柔軟にやっていただけるところが大きな特徴だと思います」

NTT東日本はNTT法により、東日本地域の電気通信事業とそれに付帯する業務しか行えないことになっている。一方で、地域の社会課題を解決するため、様々な事業者からIoTやAIを活用したいという相談がNTT東日本に対して寄せられている。

そこでNTT東日本では事業分野に応じた子会社を設立し、協業を活発化させている。このうち2019年に設立されたNTTアグリテクノロジーは、農業分野でIoTなどのICTを活用したソリューションを提供するとともに、自らも農産物の生産から販売までを手掛ける農業生産法人である。

NTT東日本が農業に注目した背景には、日本の農業を取り巻く環境の急激な変化がある。

GHQの指示により1952年に成立した農地法は、農業従事者が自ら農地を保有する「農地耕作者主義」を謳った。これにより「不在地主」と「小作人制度」は廃止された。しかしその後、農業生産者は高齢化が進み、就業人口は減少傾向が続いている。後継者の不在に伴う遊休農地の問題も深刻だ。このため2009年に改正農地法が施行された。その目的は「農地を効率的に利用する（中略）権利の取得を促進」するものだ。農地制度の軸足を「所有」から「利用」に移し、「平成農地改革」とも呼ばれる。企業の農業への参入規制が緩和されて農業の法人化が進み、2018年の法人経営体は約2万3000法人で、2009年と比較して約2倍に増えている。これに伴って農地の集約が進み、5ヘクタール以上の大規模な農場を経営する法人が多くなってきている。つまり少ない人手で、大規模な農場を運営しなければならなくなっているのだ。それを可能としているのが、ICTを活用した高度な環境制御技術やロボット技術である。

NTT東日本では2018年に、IoTデバイスやクラウドの導入から運用まで一元的にサポートすることで、農業生産者の省力化や品質、生産性向上を支援する「農業IoTパッケージ」の提供を開始し、農業関係者や自治体などと意見交換を続けてきた。その中で「IoTやAIなどの先端技術を活用した高度な環境制御により収量増加を実現する次世代施設園芸（大規模温室）に注目している」「次世代施設園芸の導入にあたっては、施設の設計に加え、ＩｏＴやロボティクス、労務や生産管理などを一体化する仕組みが必要だ」「次世代施設園芸と関連産業を集積させ、農業を起点とした地域づくりを検討したい」との声が多く寄せられた。そこで農業とＩＣＴの融合による地域活性化とまちづくりを目指し、２０１９年にＮＴＴアグリテクノロジーを設立したのだ。

ＮＴＴアグリテクノロジーは、先端技術を集積させた「次世代施設園芸ソリューション」の確立に向け、太陽光型次世代施設園芸の実証ファームとして、山梨県中央市に自社農場を建設した。ここではＩｏＴやＡＩなどを活用した高度な環境制御や、土壌・生育データの分析による収量予測、さらに生産から販売、労務管理や経理などの各種業務プロセスを統合、管理するシステムを開発し、次世代施設園芸のトータルソリューションを提供することにしている。

実証実験で終わらせないために

ＮＴＴアグリテクノロジーは、多くの農業事業者と協業関係を築いている。そのうちの一社が、農産物の生産・販売・加工から農業生産コンサルティングまで行う山梨県中央市の「サラダボウル」だ。ＮＴＴアグリテクノロジーの酒井は「通信という得意分野がある我々と、生産現場で強みを持っているサラダボウルさんが話をする中で、自然発生的に協業が始まりました」と語る。得られた成果のひとつが「収穫予測機能」だ。

農場には「グロワー」という役職の栽培責任者がいる。グロワーは生産のプロフェッショナルで、翌日の収穫量の予測を担当する。経験と勘が必要とされてきた職種だけに、誰でもできるというわけではない。採用も難しい。そこでグロワーが担ってきた収穫予測をＡＩで補完させようというのだ。具体的には、農場の中で基準となるテストレーンをいくつか設定する。例えばトマトを栽培しているレーンをスマートフォンで撮影し、撮った映像を無線ＬＡＮ経由でクラウドにアップする。その映像でトマトの色味や大きさなどをＡＩが解析し、収穫量を予測するのだ。

「収量予測になぜ着目しているかというと、翌日に作業員を何人集めればいいのか、その場合の作業員を収穫側に集めた方がいいのか、袋詰側を増やした方がいいのか、トラックを何台呼べばいいのか、販売店に棚をどのくらい空けておいてほしいと見込みを伝えるか、そうしたすべてに影響してくるからなのです。つまり、サプライチェーンの1丁目1番地といえるでしょう」

トラック2台でいいところを、予測の間違いで3台呼んでしまったら、人手不足の物流業界にもロスとなる。

トマトの収穫時期を予測するためのアルゴリズムは新しく開発したが、ハードウェアは既存のものを使い、コストを抑えることに成功した。酒井は、すべてをＡＩに置き換えるのではなく、グロワーの仕事を補完する取り組みになると説明する。

「ビジネスがスケールアップして、たくさんの農場を持とうとしても、グロワーの人材は少なく、採用が難しいという現実があります。事業の拡大期に、人材不足をＡＩで補完できるような形で準備しておくわけです」

ＡＩが収穫時期を予測するためには教師データ、つまり事前の学習が必要となる。例えばトマトの場合、大きさによって大玉トマト、中玉トマト、ミニトマトなど、いくつもの種類がある。それぞれの種類によって、少し青みがかった時点で収穫するのが最適なトマトとか、真っ赤な方がいいトマトとか、収穫時期が違ってくる。撮影する時間帯によっても、光の具合でトマトの色合いが変わってしまうこともある。こうした様々な要素を組み入れたノウハウが、必要となってくる。

ほかにも、シャインマスカットを開発した農研機構（国立研究開発法人農業・食品産業技術総合研究機構）、あるいはＪＡ全農（全国農業協同組合連合会）などと協業を進めている。

「ＩＣＴを使って生産性を上げ、省力化につなげる観点での下支えは、我々が提供できると思います。一方で品種そのものの開発や育て方は、我々にはノウハウがありません。そこで相互に補完するチームを組んだというわけです」

これまでも農場にＩｏＴのセンシング機器を置き、様々な農場の環境データを取得する取り組みは、各地で行われている。ＮＴＴアグリテクノロジーの取り組みの特色は、通信技術を最大限に活かすと

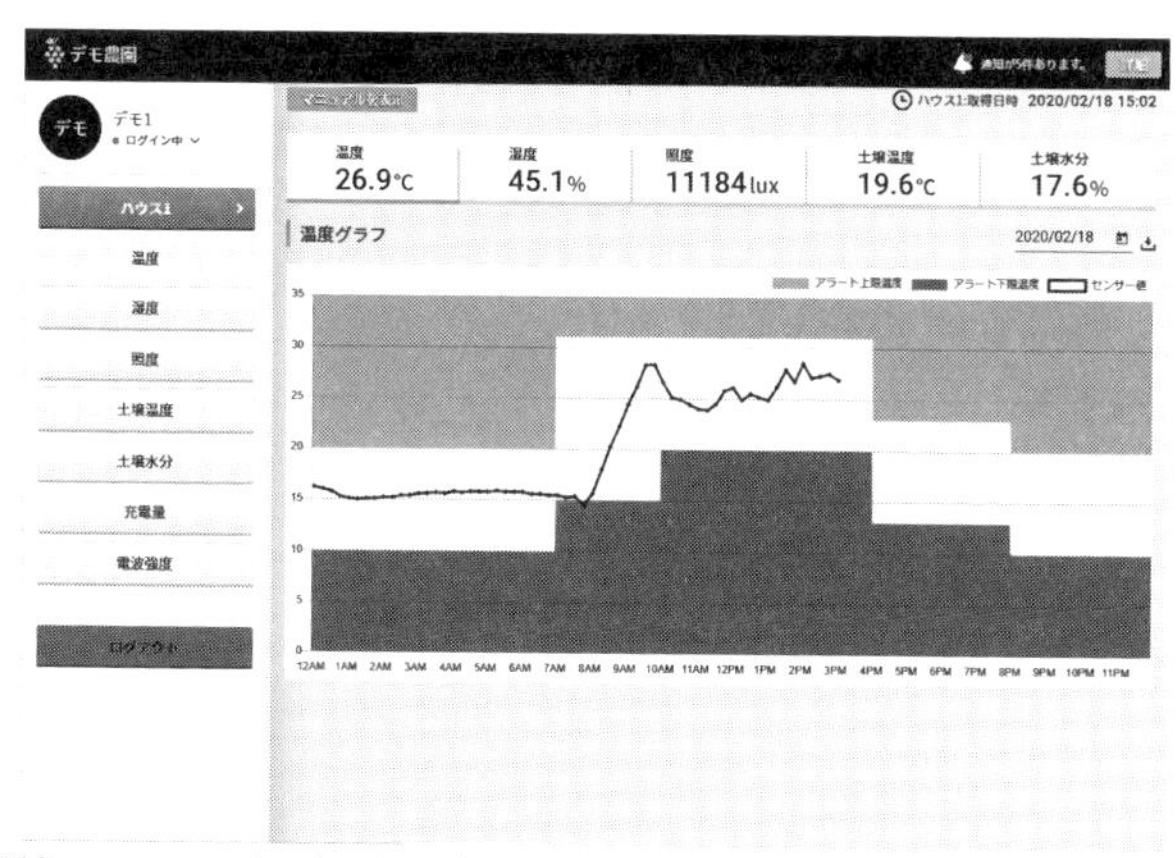

栽培マニュアルとデータの連動画面（提供：NTT アグリテクノロジー）

いう点だ。

ＩｏＴで農場の温度や湿度、日射量や土壌の温度を取得しても、農家は地元のＪＡや農業試験場が発行した紙の栽培マニュアルと見比べながら、適切な加温時間などをチェックしていることが多い。せっかくＩｏＴを導入して環境情報をデジタルでとっても、作業の手間はあまり減らないという実情があった。そこで同社は農研機構とともに栽培マニュアルをデジタル化し、それを環境センシングのデータと連動させるサービスの実証実験を始めた。例えば、パソコンやスマートフォンの画面上で適切な温度をひと目で把握できるようにした。グラフで赤色の部分と青色の部分の間に、ななめの帯が設定されている。この間に折れ線グラフがあれば、ハウスの温度は適切ということなのだ。

「赤のところまで上がると高すぎ、青いところまで下がると低すぎです。しかしこれまでは、赤や青の表示がなく、温度の高すぎ、低すぎを紙のマニュアルで見て判断していた。そのチェックを自動化できるようにしました。これは栽培マニュアルを持つ農研機構さんと、ＩＣＴ分野の我々がタッグを組んだからこそできるユニークな取り組みです」

最近では農業用ＩｏＴ機器を開発している会社が増えている。こうした各種情報とアプリケーションやシステム間をつなぐＡＰＩと呼ばれるインターフェースの需要が今後高まると予想される。

「我々が採用している機械でないとできないということではなく、ＡＰＩを通じて、もともとお使いの機械でもできるようにする。こういった取り組みは実証実験で終わってしまうケースが多いのですが、我々は、実装にまで持っていきたい。いろんな方と手を組んでいこうという構想を持っています」

増加する農福連携でウェアラブルデバイス

農業機械や農業設備の急速な進歩で、農作業を取り巻く環境は、以前と比べれば大きく改善されてきている。それでも、重労働であることに変わりはない。

ハウスの内部は一年中、高温多湿だが、特に夏場は気温があがる。作業にあたる人が気づかないうちに熱中症になったり、体調を崩したりするリスクがある。特に高齢者は要注意だ。

いまは新型コロナウイルスの影響で減っているが、外国人技能実習生が地域の農業を支えている事例も多い。最近では、農業と福祉が連携する「農福連携」も増えている。農業は様々な障害のある人たちも活躍できる可能性があり、また担い手としても期待されている。

そうした取り組みで、コミュニケーションが課題となることがある。外国人の場合、簡単な日本語はわかっても、複雑な意思疎通が難しい人も多い。農福連携の場合、障害のためコミュニケーションに工夫が必要な人もいる。

年配の人や外国人、障害のある人たちが、体調不良でもがまんしてしまったり、伝えることができなかったりすると、労働者の健康を損なってしまうことにもなりかねない。そこで働く人たちをケアしようと始めたのが、腕時計型のウェアラブルデバイスを使って心拍数を測り、ハウス内の温度や湿度などのデータと掛け合わせて、熱中症や体調不良の兆候を察知する取り組みだ。危険な徴候が出ると監督者に知らせ、該当する人に声をかけて、休憩してもらうことで、事前に熱中症を予防できるのだ。

「ウェアラブルデバイスを使ったのは第一に、農作業の邪魔にならないからです。もうひとつは、ウェアラブルデバイスを使うと位置情報も取れるため、健康や安全面の管理だけでなく、作業の労務管理にも役立つからです。各人がどういう作業にどのくらい時間をかけていたのかを分析することによって、現場の作業動線の改善につなげたり、この時期にはこれくらいの人員が必要という分析に役立てたりすることができるのです」

短期的な熱中症対策だけでなく、中長期的には人にやさしい職場の環境作りや、優秀な人材確保の対策にもつながる。

ウェアラブルデバイスで農業に利用されているものは、ほかにスマートグラスがある。東京の大手町に本所のあるJA全農は、全国のJAを会員とするだけでなく、各地に大規模なビニールハウスなど直営の施設を持ち、施設園芸などの栽培方法を改善する営農支援も行っている。従来は担当者が東京から現地に赴いて、支援をしていた。しかし新型コロナウイルスの感染対策として移動の自粛が求められ、飛行機で移動することが難しくなった。そこでJA全農はNTTアグリテクノロジーと協力してスマートグラスの利用に踏み切った。具体的には高知と佐賀の2カ所で、現場の作業員にスマートグラスを着用してもらい、東京から指示しながら作業してもらう取り組みを行っている。

スマートグラスはメガネの要領で装着するため、スマートフォンのように手に持って撮影することがなく、農作業の邪魔にならない。JA全農の指導員からは「現地に行かずにできる部分があり、遠隔営農支援の可能性が見えた」と高評価を得ている。

同時に課題も見えてきた。JA全農が営農支援を行う施設園芸の現場は、面積が広い大規模温室である。通信には無線LANを使っているが、どうしても電波が届かないことがある。また映像をアップロードするのだが、確実な営農支援のため、より高精細な映像で農産物の状況をチェックしたい場面も出てきた。このためJA全農側からは、「こうしたユースケースに親和性がある通信手段を準備できないか」というリクエストが寄せられている。そこでNTT東日本・NTTアグリテクノロジー側が検討しているのがローカル5Gなのだ。

ローカル5Gオープンラボ

２０２０年、ＮＴＴ東日本は調布市の「ＮＴＴ中央研修センタ」にローカル５Gの「オープンラボ」を設置した。ローカル５Gを実験的に使える環境を用意し、協業関係にある各社に提供している。

ここでは立川市にある「東京都農林水産振興財団」の農業指導員が、ＮＴＴアグリテクノロジーとともにローカル５Gを使って遠隔農業をする取り組みが進んでいる。

ローカル５Gで期待されている分野がネットワークカメラだ。高精細な４Ｋカメラで農場の映像をどんどんアップロードする。そのとき、ローカル５Gの出番となる。通信キャリアが提供する通常の５Gだと、スマートフォンで映像を見るためのダウンロードを意識して通信がチューニングされている。これに対して農業では、現場の状況を分析するのに、アップロードの利用が中心となる。つまり、現場のユースケースに即してチューニングできるローカル５Gのほうが、農業などの産業にはより使いやすいのだ。

「映像をどんどん送るとき、ローカル５Gは非常に重要なインフラになると思います。確かに現状では、ローカル５Gを導入するハードルは高いですが、基地局の国産化や新たな周波数帯の利用が進んで価格の柔軟性が出てくると期待しています」

ロボットの利用に関しても、ローカル5Gは有効だ。冒頭で紹介したように、ロボットにカメラを搭載すると、固定カメラでは見えないところまでネットワーク経由で観察できるようになる。少子高齢化による人手不足が加速する中で、ロボットの導入は必須だ。ロボットを遠隔操縦するケースも増えることになる。その場合、ローカル5Gの低遅延性が役に立つ。現状の無線LANだと通信の遅延でタイムラグが生まれ、操作が遅れるなどのリスクがあるが、ローカル5Gならこうしたリスクが非常に小さくなる。ロボティクスを利用する観点からも、ローカル5Gは非常に優れているのだ。

「農業エコシティ構想」とは何か

ローカル5Gのメリットを多くの農業生産者に享受してもらうため、まずは自治体等が整備して、使いたい生産者にシェアする仕組みが想定される。将来的には導入コストが下がり、一定程度の経営母体を持つ農業法人が独自にシステムを組むことになるだろう。

国は2025年までにすべての農家でデジタルデータを活用できるよう目標を掲げている。NTTアグリテクノロジーには、農業を機軸に、改めて地域づくりやまちづくりを考えたいという自治体からの相談が増えている。地域の雇用の拡大や、遊休農地の有効活用のため、農業法人を誘致し、大規模な農業の展開を目指す自治体が増えているのだ。様々な農業法人が集まると生産だけでなく、加工や物流など関連産業が集積することにつながる。周辺ビジネスも生まれてくる。こうした場面で、ローカル5Gのシェアリングニーズが高まっているのだ。

酒井はNTTアグリテクノロジーの創業に際して、「農業エコシティ構想」を提起した。農業エコシティは、自治体と企業が協力し、物流や加工、倉庫、エネルギーなど、関連する産業を集積させ、それぞれの農業法人が事業に必要な機能を自前で用意するのではなく、複数の農業法人の連携と物流等の共用化でエコシステムの構築を目指す。農業エコシティにローカル5Gが敷設されると、自動運搬車で集荷場まで農作物を協同で運んだり、食品の共同加工場でロボットの制御に利用したり、農業に限らない周辺エリアのインフラ保全や社会福祉への活用など、まちづくりの基盤に役立つと期待される。

「足の長い開発プロジェクトになりますが、すでに約20の自治体と話を進めています」

東京都にも農地がたくさんあるのだが、規模が非常に小さいうえに分散している。そこでNTTアグリテクノロジーは東京都と協業して、遠隔農業による効率化や、収穫量予測の確立、食品ロスや物流ロスの削減を目指している。こうした東京の実験が、中山間地の多い全国の農業にも役に立つ。酒井は日本の農業の課題を次のように語る。

「なるべく人手を介さない農業への期待をいただいております。単に担い手不足というだけでなく、コロナ時代を踏まえ、より安全に食を扱うためにはなるべく人手を介さない方がいいという意見もあります。さらに分散型社会への適応が求められています。こうした課題に対処するためには、やはり

ＩＣＴの活用が有効ですが、農業界においての浸透はまだまだ道半ばです。活用シーンや投資対効果の啓発を地域一体となって進める必要があるでしょう」

ローカル５Ｇは、これまでできなかった課題解決ができる、きわめて可能性のある通信手段のひとつだ。しかし「ローカル５Ｇさえあれば何でもできる」ということではない。例えば単に農場の環境センシングをしたいなど、リアルタイム性をそれほど求められない場合、あえてオーバースペックな通信手段を使う必要はない。ローカル５Ｇが必要なシーンもあれば、無線ＬＡＮやＬＰＷＡ（省電力で長距離通信が可能な通信システム）で十分なシーンもある。また農業においては現場に電源がないことも多い。利用者のユースケースに応じて、最適な通信手段を組み合わせる取り組みが今後、いっそう重要になってくる。

第6章 革新し続けるエンターテインメントの世界

INTRODUCTION

5Gはエンタメ界ときわめて相性がよい

エンターテインメントの世界でも、5Gが期待されている。

大型電気店のパソコンコーナーを覗くと、かなり目立つ場所にVRのゴーグルと、様々なタイプのコントローラーが展示され、実際にさわってその感触を試せるようになっている店舗が多い。メガネタイプで小型軽量のARグラスも販売されている。一般の人たちが、ゲームで使って楽しむためだ。リビングルームでテレビやユーチューブを見るために使う人もいるという。そんなとき5Gを使えば、きれいでなめらかな映像を楽しむことができるようになる。

最近ではeスポーツの人気が高まっている。一瞬でもより速い操作が要求されるだけに、超高速で低遅延の5Gとはきわめて相性がいい。ARを使ったゲームや体験も、5Gを利用することで高精細な映像を楽しむことができる。

この章ではまず、eスポーツ界の期待を紹介する。次いでARを使った様々な取り組みを見てみたい。最後にゲームだけでなく、ミュージアムでの最新の体験も交えながら、5Gの可能性を探ってみたい。

6-1 オリンピック委員会も注目する「eスポーツ」

全国高校eスポーツ選手権

２０１９年12月29日、東京の恵比寿にあるイベントホールで、「第２回全国高校eスポーツ選手権」の決勝戦が行われた。主催は毎日新聞社、そしてパソコンショップ「ドスパラ」の展開やハイエンドパソコン「ガレリア」の生産などを手掛ける「サードウェーブ」である。

会場には、高校生を中心とした７００人近い観客が詰めかけ、熱気に包まれた。大会は２つの部門で行われたが、この日の競技は「リーグ・オブ・レジェンド」。５対５の団体戦で、世界でも最も人気のあるゲームのひとつである。各プレーヤーは「チャンピオン」と呼ばれる能力や特性が違うキャラクターを操作し、仲間と協力して相手陣地にある本拠地（ネクサス）の攻略を目指す。

１１９校による予選を勝ち抜いた4チームが出場し、決勝は沖縄の「N高校」と、東京の「クラーク記念国際高校秋葉原ＩＴキャンパス」との対戦となった。

N高校は通信制で、ウィンブルドン選手権ジュニア男子シングルスで優勝した望月慎太郎選手や、

第２回全国高校ｅスポーツ選手権 決勝戦（EBiS303にて）
（提供：全国高校ｅスポーツ選手権 ©2020 Riot Games, Inc. All rights reserved.）

女子フィギュアスケートの紀平梨花選手の在籍でも知られている。対するクラーク国際も、全仏オープンジュニア男子ダブルスで優勝した田島尚輝選手が単位制キャンパス東京に在籍し、２０１６年には北海道本校の硬式野球部が甲子園大会に出場するなど、両校ともスポーツが盛んな校風だ。そして近年は共に、ｅスポーツの強豪校として知名度を上げている。

決勝戦は2勝先勝方式で行われ、N高校が第1試合をとった勢いで第2試合も制し、全国高校生の頂点に立った。

優勝はならなかったが、準優勝に輝いたクラーク記念国際高校秋葉原ＩＴキャンパスのキャンパス長、土屋正義は、全国の高校に先駆けて、２０１８年にｅスポーツ専攻開設を主導した人物である。ｅスポーツの元プロ選手ら2人を講師に招き、毎週9時間を専攻授業に充てている。

「インターネット上で学べるものもたくさんありますが、直接会って声を掛け合ってこそ、肌で感じるものが確実にあります。準優勝できたのも、そういう空気感を、チームが一体となって作ったからだと思います」

「情報科」教諭の笹原圭一郎は、eスポーツ専攻の責任者だ。次世代移動通信システムの5Gについて聞いてみた。

「専攻で正式に取り扱ってはいないのですが、みんなスマートフォンを使ってゲームをやっています。eスポーツを、娯楽としてのスポーツと捉えたとき、ユーザー数はダントツだと思います。そのスマートフォンで通信が途絶えたり、遅くなってしまったりしたとき、ミスをして負けてしまうのは、勝った方も、負けた方も、なんともいえない気持ちになります。それが5Gになると、それらのトラブルが格段に減ると思います。5Gの普及でeスポーツは、ますます人気が出るでしょう」

eスポーツが競技人口2億人にまで拡大した理由

eスポーツは、Electronic Sports（エレクトロニック・スポーツ）の略で、「コンピューターなど電子機器を使った競技」という意味である。Electric（エレクトリック）、つまり「電気」を使うという意味ではなく、あくまで「電子」上の競技である。ちなみにeが小文字になっているのは、決まりがあるわけではない。ただ、アップル社が自社のパーソナルコンピューターに小文字の「i」を冠した製品を売り出して人気を博したことにあやかって、小文字を使うようになったのではないかと、関係者の多くは見ている。

ゲームの種類は、1対1で戦う格闘技だったり、チームに分かれて陣地を取り合う団体戦だったりと、様々だ。具体的にはFPS（シューティングゲーム）、RTS（戦略ゲーム）、MOBA（チーム戦バトル）、格闘ゲーム、スポーツゲーム、パズルゲーム、カードゲーム、ソーシャルゲーム、スマートフォン向けゲームなどがある。

国内ではプロ野球やJリーグも、それぞれの競技をコンピューター画面上で競うeスポーツの大会を開いている。海外では野球のメジャーリーグ、サッカーのFIFA、バスケットボールのNBA、モータースポーツのF1など著名なスポーツ団体が、eスポーツに参入している。2019年から国体でも、文化プログラムとしてeスポーツが競技種目となっている。

2018年には既存のeスポーツ3団体が統合して「日本eスポーツ連合」（JeSU）が発足した。eスポーツ大会の普及活動や認定、プロライセンスの発行、選手の育成や支援などを行っている。

このeスポーツを、どのくらいの人が楽しんでいるのだろうか。平成30年度の文部科学省の事業として国際研修交流協会がまとめた「eスポーツ分野における先端技術活用型チームマネジメント人材養成事業」成果報告書によれば、国内のeスポーツ競技人口は約390万人、eスポーツを見て楽しむオーディエンスは約160万人と推定されている。さらに世界の競技人口は約2億人以上という。錦織選手や大坂選手の活躍で日本でも人気の高まってきたテニスの競技人口が日本で約400万人、世界では約1億1000万人だから、その世界的な広まりがわかっていただけるだろう。

eスポーツの優れている点は、プレーヤーに関してフィジカルな制約が少ないことだ。だから身体に障害のある人たちも、自分にあった補助器具を使うことで、健常者と対等に戦うことができる。大会の多くは、性別や年齢による区分もない。

テレビゲームとeスポーツ

日本でコンピューターを使った電子ゲームというと、テレビゲームを連想する人が多いだろう。電子ゲームの歴史は1970年代の「テーブルテニス」や「ブロック崩し」などから始まり、1978年発売の「スペースインベーダー」が大ヒットする。翌年発売の「ギャラクシアン」も大人気となった。続いて1980年には携帯ゲーム機の「ゲーム&ウオッチ」が発売され、社会的なブームを巻き起こした。1983年にはソフト交換式の家庭用ゲーム機「ファミリーコンピュータ」、通称「ファミコン」が登場し、そのソフトとして1985年にアクションゲーム「スーパーマリオブラザーズ」が発売される。1986年にはファミコン用のRPG（ロールプレーイングゲーム）「ドラゴンクエスト」が登場する。翌1987年には、やはりファミコン用のRPG「ファイナルファンタジー」が続く。そして1990年にはファミコンの後継機「スーパーファミコン」、1994年には「プレイステーション」、1996年には「NINTENDO64」が登場する。2004年になると携帯ゲーム機の「ニンテンドーDS」と「プレイステーション・ポータブル」が発売される。2006年には

「Ｗｉｉ」、２０１１年には「ニンテンドー３ＤＳ」が登場する。２０１２年には「ＷｉｉＵ」、２０１７年には「Ｎｉｎｔｅｎｄｏ Ｓｗｉｔｃｈ」だ。このように日本では家庭用ゲーム機や携帯型ゲーム機が人気を博してきた。そこで遊ばれるゲームソフトの多くは、プレーヤーがコンピューターを対戦相手にして楽しむスタイルだ。

もうひとつ、日本におけるゲーム文化には、「ゲーセン」と呼ばれるゲームセンターがある。一時は多くの若い人たちでにぎわったが、設置されるゲーム機の高価格化や家庭用ゲーム機の普及などで、以前と比べて大幅に減少している。

先ほど、ｅスポーツの競技人口について触れたが、日本でも増えているとはいうものの、ｅスポーツ先進国はアメリカや韓国、そして中国である。それに比べて、日本はかなり出遅れているといわざるを得ない。「任天堂やソニー、セガを擁するゲーム大国日本でなぜ?」と思われるかもしれない。

ｅスポーツは、コンピューターを相手に戦うのではなく、電子ゲームを舞台に、複数のプレーヤーが対戦するものをいう。あくまで、人と人とが戦うのがｅスポーツなのだ。１対１の個人戦もあれば、５対５の団体戦もあり、中には１００人が一度に参加できる競技もある。

一方、日本では家庭用のゲーム機があまりに普及してしまったため、主にパソコンなどを使って対戦するｅスポーツは出遅れてしまったのだ。加えて日本では、専用の光ファイバーを使った光回線が普及する前に、従来の電話回線を利用するＩＳＤＮをはさんだため、インターネットの回線速度が他国と比べて遅かったのも理由のひとつにあげられている。

さらに日本では、景品表示法や刑法の賭博罪との関係で、ｅスポーツの大会に多額の賞金を出せない恐れがあったり、風俗営業法でeスポーツ特化型ネットカフェの営業時間が規制されたりすることも、日本でeスポーツが出遅れた要因といわれている。

これに対してお隣の韓国は、世界大会上位の常連であり、eスポーツ大国と呼ばれる。その歴史的背景としては、1990年代後半の世界同時不況で韓国が通貨危機に直面した際、国策としてネット事業に力を入れたことがあげられる。仕事のない若者がネットカフェに集まり、オンラインゲームに熱中するようになった。やがてeスポーツの人気は拡大し、ソウル市内にはeスポーツ専用の競技場もオープンするなど、いまや韓国を代表する文化のひとつともなっている。

賞金総額33億円、決勝戦の視聴者は2億人

eスポーツ人気を裏づけるように、特に海外では大会の規模が急速に拡大している。2019年に開かれた「フォートナイト」というゲームの大会では、日本円にして賞金総額約33億6300万円、1位賞金3億2500万円という大会も開かれた。各地の大会の賞金を積み上げた年間の賞金総額では、2019年の「ドータ2」がなんと、233億円である。観客動員では、「リーグ・オブ・レジェンド」の世界大会決勝戦で6万人、インターネットで配信された決勝戦の視聴者が2億人というからすさまじい。ちなみに2008年の北京オリンピック開閉会式の観客が6万人である。

もうひとつ指摘しておきたいのは、eスポーツの、「スポーツ」という用語である。日本語でスポーツというと、身体を動かす「運動」を意味する。だからコンピューターゲームをスポーツと呼ぶこ

とに違和感を覚える方もいることだろう。しかし欧米諸国における「スポーツ」の語源はラテン語で、「日々の生活から離れること」「気晴らしをする」「楽しむ」という意味がある。時代が下って、「競技」という意味も加わった。つまり「楽しみでする競技」というのが、欧米で理解されるスポーツなのだ。身体を動かすのはフィジカルスポーツだ。そして頭脳で勝負するチェスやカードゲームは、マインドスポーツと位置づけられる。eスポーツも、この系譜に入る。

一方、明治期の日本政府は、外国から入ってきた「スポーツ」を「楽しみ」ではなく、教育における「鍛錬」と位置づけた。そこから日本では、身体を鍛える運動がスポーツと考えられるようになったのだ。

こうしてみると、日本は「e」に対するアプローチ、そして「スポーツ」に対する受け止め方という二重の意味で、eスポーツに後れをとってきた印象がある。しかしいまではその後れも、急速に取り戻しつつある。

東京都eスポーツ連合会長が語るeスポーツの魅力

東京都eスポーツ連合会長で、日本eスポーツ学会代表理事も務める筧誠一郎はeスポーツの魅力について、若い人たちにとってゲームはきわめて身近な存在で、しかも対人性があることだと言う。

「何が若い人たちを惹きつけているのかというと、人と人とが競うという点です。その人の性格や考え方がそのまま表れるのが、ｅスポーツのいいところですね。コンピューター相手だと、同じ攻め方をすれば、同じ反応が返ってくる。しかしｅスポーツは相手が人ですから、対戦相手によって変わるわけです。戦い方の好みも様々です。それは、対戦相手とのコミュニケーションでもあるのです」

人間関係が希薄になりつつある時代だからこそ、人びとはｅスポーツに、気のおけない仲間とのつながりを求めているのかもしれない。

１９６０年生まれの筧は高校時代にテーブルテニス、大学時代にはスペースインベーダーやギャラクシアンに熱中した世代である。大手広告代理店の電通に入社したあとも、ファミコンやスーパーファミコン、プレステ、さらにはオンラインゲームと、ゲーム熱が冷めることはなく、ついにはゲーム制作の企画を立ち上げて、スーパーファミコンやプレステのゲームを大ヒットさせた経験もある。そんな筧がｅスポーツを知ったのは46歳のときだった。韓国など海外で、ｅスポーツが深く浸透している状況を知り、衝撃を受けたのだ。

筧はさっそく社内に勉強会を立ち上げ、ｅスポーツに関する取り組みを開始した。リーマンショックで開発費が削減されると、筧は49歳で思い切りよく電通を退社した。やがてｅスポーツの普及に関する事業をマネジメントする会社を立ち上げ、大会を主催したり、渋谷に日本最大規模の「ｅスポーツ・パブリックビューイングバー」をオープンさせたりしている。

そんな筧はｅスポーツについて気負うことなく、「要はスポーツジャンルのひとつ」と語る。

「ｅスポーツって、特殊なものと思う人もいるかもしれませんが、かつて野球が若者に支持されたように、いまの時代はｅスポーツが支持されている。だからプロ野球で行われてきたことが、これからのｅスポーツにもそのまま当てはまるのですね」

ｅスポーツとオリンピックの関係

近年、日本でもｅスポーツの話題が増えてくるようになった。そのひとつのきっかけがオリンピックである。

すでに「アジア・オリンピック評議会」が主催するアジア版のオリンピック、「アジア競技大会」の２０１８年ジャカルタ大会では、公開競技としてｅスポーツが行われた。そのサッカーゲーム部門では、日本チームが優勝している。また２０２２年に中国の杭州で行われる予定の大会では、正式種目になることが決まっている。

ＩＯＣ（国際オリンピック委員会）もｅスポーツに関心を示している。トーマス・バッハ会長は「ｅスポーツ産業の成長は無視できないし、若い世代に魅力もある。五輪に入れるかどうか話をするのは時期尚早だが、対話のドアは開けたままにしておく」（２０１８年12月４日付け共同通信）と述べている。こうした状況を踏まえて筧は、「２０２４年のパリ大会では、公開競技か併設競技のような形で行われるのではないか。そして28年のロサンゼルス大会での正式種目は、ほぼ確定だと思っています」と展望する。その理由として筧はスポンサーの意向、そして人気の高い映像配信をあげる。

「オリンピックのトップスポンサーは12社。そのうちアリババ、サムスン、インテルの3社はｅスポーツ関連企業なのです。もうひとつ、国際オリンピック委員会が、テレビの次に重視しているのがインターネットの配信です。いままでテレビに頼っていた放映権料が、インターネットの配信に代わる時代が来る。そうしたとき、配信で一番稼げるのは何かというと、ｅスポーツなのです」

5Gに対する期待

ｅスポーツに対する期待が高まる背景のひとつに、次世代移動通信システムの5Gがある。5G時代で、医療やモビリティなどの利便性向上が期待されるが、「中でも一番相性がいいのがｅスポーツ」と、筧は断言する。

「医療は患者と医師の1対1の関係です。一方ｅスポーツでは、一度に100人が同時接続するゲームもある。スマートフォンで大人数のゲームが可能となる。速度面でいえば、北海道と沖縄の距離でも、0・1秒を争うトッププレーヤーにとっては遅延が起きる。これが5Gになると、理論値的には、東京から中国の奥地くらいまで大丈夫です。トッププレーヤーの場合、5Gでもっとすごいプレーが見られるようになります」

ゲーム会社各社も、5G向けコンテンツの開発を急いでいる。eスポーツはパソコンからスタートしたが、中国ではすでに、パソコンのゲーム市場を、スマートフォンが抜いている。パソコンは家や学校、職場、ネットカフェなど、使える場所が固定されるが、スマートフォンだと移動中の空いた時間にも楽しめるからだ。しかも若い世代はパソコンやテレビより、スマートフォンに馴染んでいる。そこで各社とも、5Gに相応しいゲームの開発に、しのぎを削っているのである。

加えて5Gで便利になると期待されるのが、大規模な大会を開く際のセッティングである。いまeスポーツの大会を開く際には、ゲームだけに使う専用回線を引く必要がある。というのは、すでにある回線を共用すると、他に利用者がいた場合、遅延が起きてしまうからだ。

そこで他からの干渉を受けないゲーム用の回線、そして配信用の回線を設営するのだが、3カ月以上前にNTTなどに申し込み、現地の下見をして配線の確認をする必要がある。これが5G時代になると、その場所だけで運用できるローカル5Gを開設することができるようになる。これまでのように有線で回線を引く必要がなく、ローカル5Gの機械を持ってくればいいだけになり、大会運営の手間が大幅に削減されると期待されている。

パソコンショップチェーンが高性能パソコンの無償貸与をする訳

先述した全国高校eスポーツ選手権は、2018年に始まった。参加資格は全国の高校生だ。同じ高校の仲間どうし、もしくはeスポーツ部である。確かに、最近の学校はパソコン教育に力を入れていて、パソコン教室もある。政府は生徒1人につきパソコン端末1台を整備する「ＧＩＧＡスクール構想」を、当初の予定より早めて実現させているが、パソコン1台あたりの補助額は4万５０００円。ローエンドのパソコンしか購入できない。しかし激しい動きを伴うｅスポーツには、高スペックなパソコンが必要となる。

そこで大会を共催するサードウェーブが打ち出したのが、ハイスペックマシンの無償貸与だ。定価で約17万円のパソコンを、チームに必要な台数分、期間限定でｅスポーツ部に貸し出すことにしたのだ。１校あたり約85万円分となる。１年目に貸し出しを受けたのは、クラーク国際を含めて78校、２年目を含めてトータルでは１２５校が利用している。

サードウェーブでｅスポーツ部門を統括する副社長の榎本一郎は「子どもたちが本気でｅスポーツに取り組み、その後の選択肢を増やすためには、高校にｅスポーツ部がなければなりません」と、熱く語る。実は榎本自身、高校野球で甲子園を目指したが叶わず、実業団では肩を壊して野球を断念した経験があるのだ。必死に取り組んだ部活動は、その後の人生にも必ず役に立つ。ＩＢＭやＤＥＬＬといったＰＣメーカーで要職を歴任し、ＰＣ業界に造詣の深い榎本は、ｅスポーツに深い理解を持つ。しかし学校でｅスポーツ部を作ろうにも、ハイスペックなパソコンがなければ難しい。「若者の可能性を広げたい。ｅスポーツを文化にしたい」というサードウェーブ社長、尾崎健介の決断で、パソコンの無償貸与事業が実現することになった。

無償貸与の内容は、年度によって変わってきているが、「今後もできるだけ続けたい」と榎本は語る。５Ｇになれば、ｅスポーツはどう変わるか、尋ねてみた。

「5Gの世界になったら、クラウド側で処理できる範囲が広がるため、ハードウェアに対するスペック的な依存度が低くなり、より多くのデバイスでeスポーツを楽しめる可能性が増えていきます。環境が整っていくと、『これじゃなきゃダメ』という垣根がなくなることで、ハイエンドパソコンを手掛ける我々にとってネガティブな面もあります。しかし、どんなに環境が良くなっても、ユーザーにとって一番良い製品やサービスが選ばれます。そしてeスポーツに関わる時間が増えます。楽しめる時間とスタイルがどんどん広がるという意味で、5Gに期待しています」

5G時代になると、これまでの常識を打ち破るようなゲームソフトが出てくるはずだ。それは、練習すれば練習するほど楽しめる、奥の深いゲームとなるだろう。使われるデバイスも、3D対応のゴーグルやビューワーを使いながら、仮想の世界、あるいは拡張現実の世界に入り込むことになるかもしれない。従来なら処理できなかった大量のデータも、5Gが解決してくれる。

5G時代のeスポーツは、従来のゲーム観を覆す新しい世界を見せてくれることだろう。

ARがもたらす新しい世界

フィジカルを使った新しいeスポーツ

前節では「eスポーツ」を取り上げた。この節もeスポーツから始めたい。しかし前節で紹介したような、コントローラーやキーボードを使って対戦するマインドスポーツ型とは違った、新しいeスポーツだ。東京のmeleap（以下、メリープ）が開発し展開するHADO（ハドー）である。

プレーヤーは、頭部にヘッドマウントディスプレイ、利き腕にアームセンサーを装着する。重さは、両方あわせても300グラムほどしかない。従来型のeスポーツとの大きな違いは、一般のフィジカルスポーツのように身体を大きく動かしてプレーすることだ。日本語でいう、いわゆるスポーツのジャンルに、そのままあてはまるのだ。

ヘッドマウントディスプレイは、VRでよく使われるデバイスである。VRは、「仮想現実」と訳される。VRでは、専用のカメラで撮影されたり、CGで制作されたりした、あたかも現実のようなリアリティあふれる3D空間が目の前に展開する。

しかしＨＡＤＯの場合はＶＲではなく、ＡＲである。

ＡＲとは、Augmented Reality（オーグメンテッド・リアリティ）の略で、一般に「拡張現実」と訳される。「拡張現実感」と訳される場合もある。具体的には、実際の風景の上に、デジタルな視覚情報を重ね合わせ、ひとつの映像とすることで、現実には存在しない世界が目の前にあるかのように感じさせる。ＶＲと違ってあくまで現実の世界をベースにしながら、コンピューターによって様々な情報が画面上に付加して表示されるのだ。ＨＡＤＯの場合を紹介しよう。

プレーヤーは３人で１チームを作り、２チームが対戦する。10メートル×６メートルのコートは真ん中に引かれたラインで、バレーボールのように両チームのサイドが分けられている。ルールはシンプルだ。人気アニメ「ドラゴンボール」の主人公による必殺技「かめはめ波」のように、手から放つ光の弾「エナジーボール」を、相手プレーヤーの身体の前に表示される４枚の「ライフ」めがけて撃ち、すべて撃ち抜くと得点される。アームセンサーに内蔵されたジャイロセンサーと加速度センサーが腕の動きを感知して、エナジーボールを打ち出す仕組みになっている。ドッジボールの電子版のようなスポーツだ。

相手の弾は、体を動かしてよけるだけでなく、腕を振り上げて仮想の盾である「シールド」を作り、防御することもできる。

ヘッドマウントディスプレイの画面上には、現実に見えるコートやプレーヤーに加えて、自分の位置から見たエナジーボールやライフ、それにシールドの情報が正確に、時差なく映し出される。コートの両端に設置されたＡＲマーカーでプレーヤーの位置が確認され、サーバーを介して全員がデータを共有できるのだ。試合時間は1ゲーム80秒で、獲得した点数を競う。

世界36カ国にまで広がる「かめはめ波の夢」

メリープを創業した福田浩士（ひろし）は子どものころ、戸外の遊びが大好きで、空を飛んだり、超能力を使ったりすることに憧れていた。小学3年生のころには、マンガのドラゴンボールに夢中になった。

「〝かめはめ波〟も、修業すれば撃てるものだと信じていました」

本気で気功の習得を目指したが、〝かめはめ波〟を撃つことはできなかった。当然のことではあるのだが。

大学と大学院では建築を学び、リクルートに入社して、住宅情報サイトの営業に配属された。そんなある日、インターネットの動画で、歌手グループＰｅｒｆｕｍｅ（パフューム）のパフォーマンスを偶然目にする機会があった。衣装に様々な映像が投影され、それまで見たこともないきらびやかな世界が展開されている。福田はひらめいた。

「センサーと情報出力装置を組み合わせれば、これまでにないエンターテインメントを実現できる」

HADO 対戦風景（提供：メリープ）

福田は就職して以降も「自分の人生で何を実現したいのか」と考え続け、起業を目指していた。リクルートを退社した福田は、友人と共に２０１４年１月、27歳でメリープを創業した。福田の熱意に惹かれ、ゲームビジネスに詳しい経験者が次々と入社して、社内体制も整った。

「やっぱりぼくの夢は、〝かめはめ波〟を撃つこと」

社内の議論でＨＡＤＯが具体化されていった。対戦のルールを考案し、それにあわせた画面デザインに知恵を絞った。こうして２０１６年９月、自社で体験会を開いてＨＡＤＯがリリースされた。テクノロジーとスポーツをかけ合わせた「テクノスポーツ」という、新しいジャンルを立ち上げたのである。

ＨＡＤＯはまず、長崎のハウステンボスで導入され、現在は国内９カ所でプレーを楽しむことができる。「アニメの世界を体験できる」と、海外からの旅行客にも評判を呼び、いまではアジアやアメリカ、ヨーロッパなど世界36カ国で65店舗をフランチャイズ展開している。各国のチームが世界一を決めるHADOワールドカップも毎年、開かれている。

さらに福岡市の私立高校は2019年、部活動としてHADOを導入し、北九州市の専門学校は2020年に新設された「テクノeスポーツ学科」のカリキュラムに、HADOを取り入れた。

メリープはHADO Xballという、HADOの新しい競技種目も立ち上げ、プロリーグの開設も目指している。

HADOのさらなる展開を目指す福田は、5Gに対して、熱い期待を寄せる。

「いまは施設内の無線LANでデータ通信しています。しかし5G時代になると、離れた場所にいるチームでゲームを楽しむ遠隔対戦ができるようになります。動画の配信も、高解像度でマルチアングルの映像を楽しめるようになります。スマートフォンのアプリで観戦者からの応援が集まれば集まるほど威力を増す必殺技は、リアルタイム性が格段に向上します。そしてはるかに多くの観戦者がプレーに参加して楽しめるようになります。5Gで、いままでにないスポーツ文化が生まれると思います」

AR（拡張現実）を活用した様々なゲーム

次はARを使った、対戦型ではないゲームを見てみたい。そういうと、位置情報ゲームの「ポケモンGO」を思い浮かべる人が多いことだろう。地図の上にポケモンのいる場所が示され、実際にその場所に行くと、スマートフォンの画面を通してポケモンを見ることができる。あたかもポケモンが、私たちの世界に存在しているかのような気にさせてくれるのである。２０１６年にリリースされるやいなや、世界中で大人気となった。コンピューターで作画されたそれまでのゲームとは明らかに違うリアリティに人びとは熱中し、社会現象にもなった。

ゲームではないが身近なＡＲの利用としては、人物の写真を様々に加工できるカメラアプリも、ＡＲの技術を使っている。冒頭で紹介したＨＡＤＯはヘッドマウントディスプレイを使うが、一般的には、手軽なスマートフォンの利用が広がっている。

三菱電機の「空中しゃべり描きアプリ」は、スマートフォンのカメラで写した背景に、話した言葉が３Ｄ文字で現れる。ＫＤＤＩの「ＸＲ Ｄｏｏｒ」は、スマートフォンの画面に現れる扉を開けると、仮想の世界が出現する。ドラえもんの「どこでもドア」さながらに、瞬間移動を体験することができる。

ここではＡＲゲームの世界で画期的な作品を発表して高い評価を受け、さらに5G時代に向けて新たな事業を展開しようとしているベンチャー2社を紹介しよう。

「世の中自体をゲーム化していく」というコンセプト

まずは東京のＥＮＤＲＯＬＬ（以下、エンドロール）である。社長でＣＥＯの前元健志（まえもとたけし）、ＣＴＯの加藤友雅（ゆうが）らが創業した。

彼らは東京の同じ大学に在籍中、世界最大規模の学生NPO法人AIESEC（以下、アイセック）の活動に参加して知り合った。アイセックの日本支部は、日本の学生が海外でインターンシップ、つまり職業体験をしたり、逆に海外の学生が日本でインターンシップをしたりするための斡旋事業を運営している。彼らは海外でインターンや留学などの経験があった。前元に、アイセックに参加した理由を聞いてみた。

「大学に入ったあと、当たり前のように就職活動をする4年後の自分を疑ってみようと考えていました。そんなとき、学生が自分たちで運営するアイセックと出会ったのです。そのミッションは、様々な社会課題にアプローチし、世の中を良くするために必要なリーダーを輩出することです。自分が変えたいと思っている問題や、向き合いたい課題に対して、何かを実践したり、新しいルールを作るために必要な力を養ったりすることができる場所だと思ったのです」

アイセックに参加して経験を積んだ彼らは、在学中の大学支部の執行部に選挙で選ばれた。前元を委員長に、ボトムアップの組織作りや、報酬体系の改善などに尽力した。

「メンバーはサラリーマン顔負けに働いているのですが、アイセックは無報酬の組織です。そこでみんなのモチベーションを維持し、向上させるため、手紙で感謝の気持ちを伝えるなど、内的な報酬設計に重きをおきました」

前元はアイセックでの自分たちの仕事を「ゲーム的」だったと振り返る。「遊び」という意味ではなく、構造がゲームと似ているという意味だ。明確なルールとゴールがあり、クリアすべき課題がある。定量的な指標や、評価の場所、仲間の存在など、ゲームと共通する仕組みが多いのだ。

彼らは、大学を卒業、または中退し、それぞれVRの開発やウェブマーケティングの会社に就職した。大学は政治経済学部だったが、独学でハードウェアやソフトウェアの技術もマスターしていった。そんな中でも「心の底からいまの仕事を楽しめてはいない」自分を感じていた。そんな彼らがある日、再会した。

「自分たちでアイセックを運営していたころの方が、おもしろかったね」

胸の内に、学生時代の感覚がよみがえってきた。「それなら、自分たちで事業を立ち上げよう」。あっという間に、話はまとまった。

「エンドロールという会社は、その飲み会の席でできた会社なのです」

2017年12月、エンドロールを創業した。そのとき前元は24歳、加藤は27歳という若さである。最初に決めたのは、ARやゲームといった事業の内容ではなく、会社のミッションだった。それは、

「世の中自体をゲーム化していく」というコンセプトだ。前元は語る。

「ゲームはディスプレイの中だけで行われるものではなく、ゲーム的なものが世の中に存在していることを、アイセックという組織の運営を通して認識しました。ということは、それを意図的に生み出すこともできるという発想に至ったのです。ぼくたちの体験でもありますが、仕事を楽しめていないサラリーマンはけっこう多い。それをゲーム的な発想で、働くことを楽しくしたり、生活自体をもっと楽しくしたりできる。ぼくたち自身が『いいね』と感じた瞬間を、世の中に広めたいという気持ちから始まっています」

とはいえ、事業としてまず取り組んだのは、ゲーム作りだ。仕事のゲーム化を目指すにしても、まずは、わかりやすいゲームの領域で実績を作るのが先決と考えたからだ。そこで思いついたのが、ARゲームである。

「ぼくたちがやりたかったことは、仕事の時間だったり、散歩する時間だったり、自分たちの生活時間のすべてをゲーム化するというアプローチなので、現実を土台に、それをゲーム化するという手法をとったのです」

会社を設立した年に、グーグルとアップルがそれぞれスマートフォン用のAR開発キットを公開し、アプリの開発がしやすくなったのも追い風となった。

現実と虚構が入り交じる「リアル謎解きゲーム」の世界

「世界初のスマートフォン向け謎解きAR RPG」と銘打って2018年5月に発表した実験的な作品が、「ノンフィクション・レポート」だ。「見知らぬ誰かから監視されている」という未来社会を舞台として設定し、ゲームの参加者は東京の代々木公園で、スマートフォンの画面越しに仮想の監視カメラを見つけて、画面に表示される謎を解いていく。現実と虚構が入り交じる世界で、参加者が物語の主人公となるゲームは、若い人たちの間で評判を呼んだ。

翌2019年5月には東急などとコラボし、渋谷エリア一体を使うリアル謎解きゲーム「渋谷パラレルパラドックス」を実施した。ここから、有料版となった。同年7月には横浜市内の体験型エンターテインメントビルで「アソビルパーティ〜とびだせ！アソビルモンスタ〜」を開催した。館内各所でARによって出現するモンスターと遊びながら物語を進める周遊型のARゲームだ。さらに同年8月には池袋パルコで、ARパズルゲーム型アート展「おくびょうキュリオと孤独な絵描き」を開いた。館内各所に置かれたゲーム用の絵にスマートフォンをかざすと、立体パズルが出現する。ゲームの参加者は、様々な場所に誘導されるので、店舗側にとっては物販につながるのだ。

2020年には、大手ゲームメーカーやJリーグのスタジアムと協業を実施する計画だったが、コロナ禍で足踏みを余儀なくされている。そこでエンドロールでは、家庭向けや室内向けのゲーム開発

「渋谷パラレルパラドックス」のスマートフォン画面（提供：エンドロール）

も進めている。デバイスはスマートフォンだけでなく、メガネ型のＡＲグラスも重要なアイテムとなる。

将来的に屋外の大型スタジアムでみんながＡＲグラスを使えるようになれば、という前提で、前元はこんなアイデアを披露する。

「スタジアムを舞台に、架空の想定を題材にします。例えば選手たちが、もしプロの道を選ばなかったら、どうなるだろう。その空間を司っている世界の審判と直接対峙した者だけが、世界を元に戻す権利を得ることができます。現実のスタジアムでＡＲグラス越しに見えるのは、紛れもないもうひとつの世界です。主人公はあなた自身。そんなエンターテインメントを、ぼくたちは作りたいのです」

ＡＲグラスのスペックを存分に活かすためには、５Ｇ接続が重要なカギとなる。

「５Ｇだからという理由で製品を買うユーザーは限られています。私たちはあくまで５ＧでもＡＲでもなく、それらによって紡がれる体験を参加者の方に味わっていただけるよう尽力します」

スポーツの新しい楽しみ方が、５Ｇによって可能になりそうだ。

フジテレビの人気アニメとコラボしたＡＲ謎解きゲーム

もうひとつ紹介したいベンチャー企業が、東京のプレティア・テクノロジーズ（以下、プレティア）だ。フジテレビの人気アニメとコラボしたＡＲ謎解きゲームが人気を呼んでいる。

代表の牛尾湧（ゆう）は、大学在学中の２０１４年、22歳でプレティアを起業した。大学で学んでいた知識を活かして自治体や議員に対する政策コンサルティング事業を行ったり、一転してファッションメディア事業を立ち上げたりしたが、なかなかうまくいかなかった。

次にチャレンジしたのが、ＶＲ事業である。牛尾は大都市の神戸市出身なのだが、それでも大学生活で上京したとたん、「面白いもの、便利なものに対するアクセスが開かれた」と言う。それほど、地域格差は大きなものがあると感じられた。解決策として目をつけたのがＶＲだった。ＶＲがあれば、誰でもどこにいても同じ情報を手に入れることができると考えたのだ。

さっそくＶＲで、旅行の疑似体験サービスなどを作って、提供してみた。しかし利用者を十分満足させるまで、完成度を高めることができなかった。そんなとき、グーグルとアップルがＡＲ開発キットを２０１７年に公開した。このタイミングで牛尾は、ＡＲ開発に舵をきった。

「ＡＲだったらもっと面白く、もっと効率よく作れると、直感したのです」

最初のＡＲアプリは、その場でスマートフォンをかざすと、行きたい飲食店を見つけられるという便利ツールだった。しかし利用者にテストしてもらうと、「食べログがあればいい」と言われてしまった。ＡＲが本質的な価値をもたらすものは何だろうか。牛尾が考え抜き、たどり着いた答えが、謎解きゲームだった。

２０１８年8月にリリースした「サラと謎のハッカークラブ」は、渋谷の街を歩き回りながら、謎を解いていく。「運動にもなるし、それまで気づかなかった街の発見にもなる」と、人気を呼んだ。

そして２０２０年1月、フジテレビの人気アニメとコラボした「ＰＳＹＣＨＯ－ＰＡＳＳサイコパス 渋谷サイコハザード」を、やはり渋谷で公開した。アニメのキャラクターがパートナーとして、常にＡＲで参加者の隣にいる。システムに管理されている未来社会で、事件が起きる。犯人を突き止めて、事件を解決するのがゴールだ。おもしろいのは、必ずしも参加者全員が事件を解決できるわけではないという、かなり難易度の高い設定だ。

「失敗を用意することも大切です。勝ち負けがあるところも、リアルっぽいと思っています。解けなかったらくやしい。くやしいから、また参加したくなるのです」

企画を担当したフジテレビプロデューサーの北野雄一は「プレティアなしでは実現しない企画でした。若いスタートアップ企業で勢いもあり、技術的にも信頼できる」と、牛尾たちの取り組みを高く評価している。

複数ユーザーが同時に同じ情報を共有できる「ARクラウド」

プレティアは、事業者向けのAR開発も進めている。

「例えば広大な工場で、部品や製品を集める場合、作業員が迷うと時間をロスします。どの経路を通れば最短でたどり着き、効率よく届けられるか。そんなときARを使ったナビゲーションは、非常に有効です」

こうした事業者向けを含め、次世代技術として期待されているのが5Gである。

「いままで、同時に数人しかできなかったものが、5Gで回線が太くなり、いつでもどこでも数十人、数百人で一緒に体験できる時代がやって来ます。やりたいアイデアは、たくさんあります」

そこでプレティアをはじめ、前述したエンドロールなど、ＡＲ技術を開発する各社の目指しているのが、「ＡＲクラウド」だ。クラウドとは、インターネットでサービスを提供する仕組みをいう。ＡＲクラウドが実現すれば、ＡＲ空間をネット上で共有できることになる。

いまのＡＲアプリは、端末ごとにＡＲ情報を映し出す。それがＡＲクラウドになると、複数のユーザーが同時に同じ情報を共有できることになる。その際、大量の情報がやりとりされる。それを担うのが５Ｇである。ＡＲクラウドと５Ｇを使えば、それまであった場所の制約がなくなるのだ。

エンドロールの前元は「現実世界のデータを、同じデータの細かさでどこにでも複製し、同じ体験を届けることができるようになる」という。例えばＡＲゲームの場合、場所を限定せずにどこでも、同じゲームの舞台に書き換えることができるようになる。

プレティアの牛尾は「エンターテインメント産業のパートナーとエコシステムを築きながら、ＡＲプラットフォーマーを目指します。そのためには、独自にＡＲの優良コンテンツを持つことで、活路を開きたい」と語る。

ＡＲクラウドが進展すれば、現実世界のバーチャルで完全なコピー、いわゆる「デジタルツイン」をクラウド上に出現させることができる。それはエンターテインメントの世界にとどまらず、例えば３Ｄマップを利用する自動運転にも大いに役に立つ。

どうやらＡＲクラウドが、これから時代のキーワードのひとつになっていくようだ。

続々と生まれる新しいデバイスや施設

これまでのヘッドマウントディスプレイは大型で重く、長時間着けていられないものが多かった。この分野でも、様々な改善が図られている。特に最近、注目されているのがARグラスだ。必要な部品の小型化が進み、新しい製品が次々と生まれている。日本では、NTTドコモが2020年6月に販売を開始したアメリカ「マジックリープ」の「Magic Leap（マジックリープ）1」はヘッドセット部の重さが316グラム、KDDIがパートナーシップを結んだ中国「エンリアル」の「nreal Light」（エンリアルライト）は、わずか106グラムである。アメリカのスタートアップが目に入れるコンタクトレンズ型のAR端末を開発し、日本のコンタクトレンズメーカー「メニコン」と提携したというニュース（2021年3月16日付け日本経済新聞）も届いた。

視覚だけでなく、触覚も重要だ。2014年創業の東京のexiii（イクシー）は、手首装着型などVRやARに対応した触覚デバイスを開発している。小型軽量化や装着性の改善などが急速に進んでいる。

プレティアの牛尾は「ARの一番いいところは、直感的な操作ができるところです。最終的に行き着くのは、コントローラーのない、ウェアラブルな端末です」と期待を寄せる。

施設面でも、新しい動きが出ている。大手出版社の講談社が東京の池袋で開業する9階建てのライブ・エンターテインメントビル「Mixalive Tokyo」（ミクサライブ東京）では、VRや

ARの様々なリアリティ体験ができる新名所として、ソフトバンクが館内に5Gのネットワーク環境を構築した。当初の狙いは人びとが館内に集い、バーチャルなアニメキャラクターが観客の声援や、スマートフォンからの応援ボタンにリアルタイムで反応したり、仮想空間と現実空間をコラボしたライブを体験できたりするなど、新時代のライブエンターテインメントを提供することだった。

2020年3月に予定していた開業は、新型コロナウイルス感染症予防対策のために延期されたが、同年6月から順次、フロアやショップごとにオープンしている。これまでテレビ東京や講談社が、無観客のライブ配信などを行っている。館内に観客はいなくとも、5Gで配信されるコンテンツは、世界のファンを楽しませている。ソフトバンク先端技術開発本部課長の山田大輔は「離れた場所からでも、臨場感あふれるライブ映像を視聴できたり、双方向の掛け合いも可能となったりして、ユーザーはこれまでにない体験を楽しめます」と、5Gの可能性を強調する。

新型コロナウイルス感染症とその予防対策のため、私たちの社会は政治、経済、社会、文化活動など多方面で大きな影響を受けている。コロナ禍を経験する前と後では、世の中が大きく変化している。そのひとつとして、今後もこうした感染症が現れる事態を想定し、様々な予防対策がとられることだろう。例えば、多くの人の手が触れる行為は、感染症予防の観点から好ましくないとされている。そのとき活用される技術のひとつが、VRやARである。スマートフォンや新しいデバイスが活用されるであろうことは想像にかたくない。

若い起業家たちが作ろうとしている世界は、ポストコロナウイルスの時代に必ず必要とされていくことだろう。

6-3 進化する日本科学未来館の世界観

スマートグラスを通して下の階が透視できる

「はじめまして、私はｃｏｈ（以下、コウ）といいます。足もとや、周りの方にぶつからないように気をつけてくださいね」

東京のお台場にある日本科学未来館で私を出迎えてくれたのは、全身フルＣＧによるバーチャルヒューマンのコウだ。

日本科学未来館は、科学技術を文化として捉え、社会に対する役割と未来の可能性について考え、語り合うための場として、２００１年7月にオープンした国立ミュージアムである。その入り口を入ってすぐの、目を惹く空間に展示されているジオ・コスモスは、96ミリ角の有機ＥＬパネルを１万枚以上使った直径6メートルの大型球体ディスプレイだ。高解像度の画面で、宇宙空間に輝く地球の姿をリアルに映し出す。

画面上を流れる雲の映像は、人工衛星が撮影したデータを毎日取り込んで反映させたものだ。「宇宙から見た地球を多くの人と共有したい」という元宇宙飛行士で、館長を務めた毛利衛の思いから生まれた、未来館のシンボルだ。地上にいながら刻々と変化する地球の姿を眺めることができる。

科学未来館では創立20周年を機に、展示空間の多層化を計画している。具体的にいえば、デジタル空間につくられた特別なARのコンテンツを、5Gや高度な画像認識技術を駆使してリアルタイムに現実空間と重ね合わせる、新しい展示の鑑賞体験を提供しようと考えているのだ。そのため科学未来館はKDDIなどと協働して、デジタル空間上のもうひとつの未来館、〝HYPER LANDSCAPE〟(以下、ハイパーランドスケープ)のプロトタイプを創出した。

私はそのお披露目として、2021年3月に開かれた体験会に参加してみた。手渡されたのは、5G対応のスマートフォンと、スマートフォンにつないでデジタル情報を表示するスマートグラスのNreal Lightだ。スマートグラスをかけるとレンズ内に巨大な仮想スクリーンが出現し、現実の世界とデジタル映像やデジタル情報を重ねて映し出すことができる。現実の風景にデジタル映像を重ねる技術をARだと説明したが、今回はそれに加えて位置関係も把握できるMR(Mixed Reality＝複合現実)という技術を使っている。

さっそくスマートグラスをかけてみた。少し大きめのサングラスという印象で106グラムと、スマートグラスとしては超軽量だ。するとその瞬間、科学未来館の建物の中、壁や地面がすべて、デジタルの青っぽい世界で覆われた。肉眼では見えないフロアの下の階も透視できる。ハイパーランドスケープとしての世界観である。

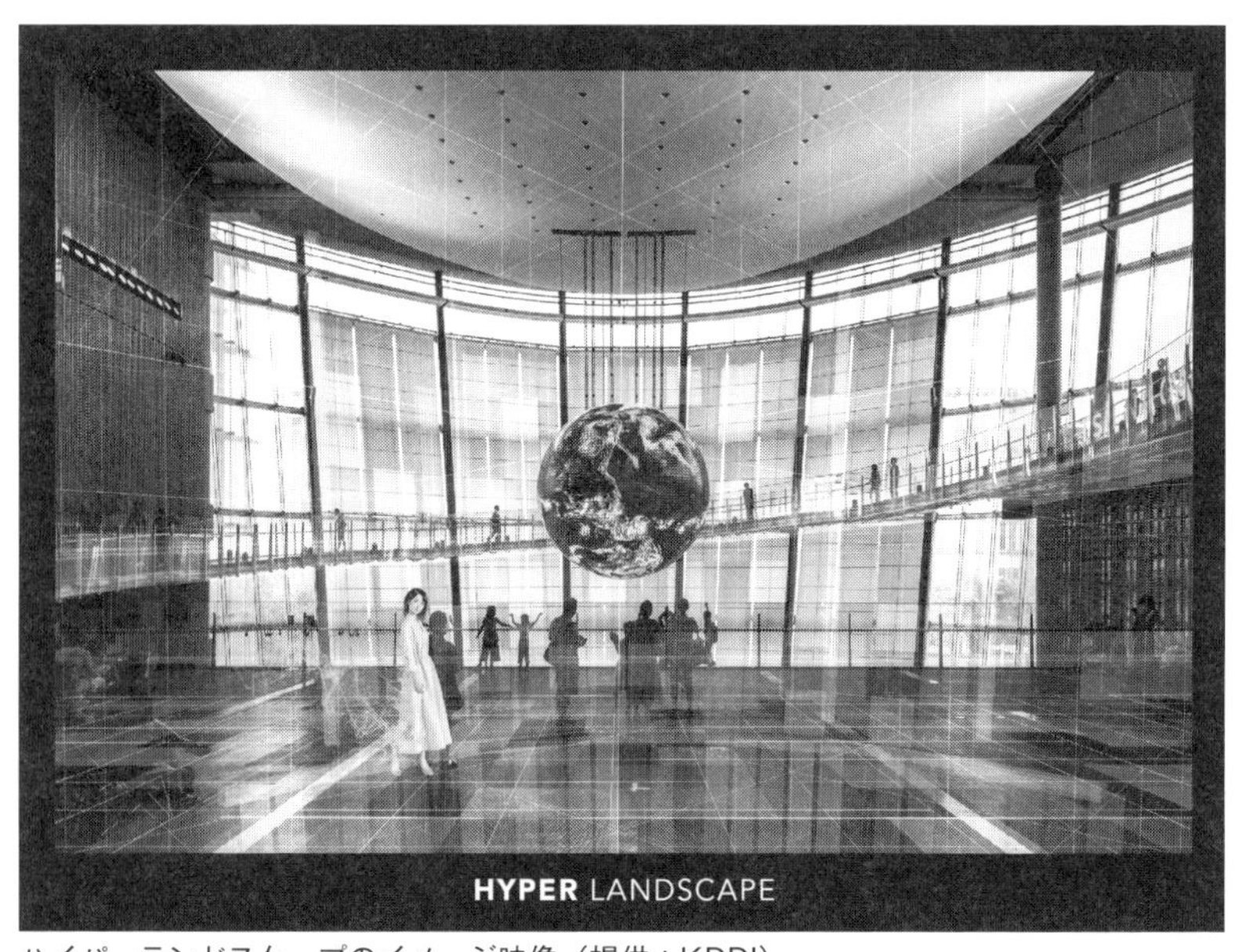

ハイパーランドスケープのイメージ映像（提供：KDDI）

吹き抜けの空間に浮かぶジオ・コスモスの周りには、3階から5階までをゆるやかにつなぐ全長125メートルの回廊、オーバルブリッジがある。オーバルブリッジに足を踏み入れると、案内役のコウが待っていた。コウが説明に現れるポイントは、全部で7カ所設定してある。ジオ・コスモス上や近くの空間上に表示されたコンテンツについて、コウが説明をしてくれる。

「見てください。ジオ・コスモスの周りに、衛星が見えてきました」

スマートグラスをかけないと見られないコンテンツとして、地球の周りに人工衛星群が出現し、地球が覆われている。最近のニュースでは、イーロン・マスクが設立したアメリカのスペースX社が衛星の打ち上げを進めているスターリンク計画が注目された。衛星インターネットサービスの提供を目的とする衛星群だ。他にも無数の衛星が地球の周りを回っている。話には聞いていたが、実際の衛星群を目の当たりにすると、宇宙を舞台にした開発競争のすさまじさに驚かされる。

「地図上の色は、各国の入国規制の状況を表しています」

新型コロナウイルス感染症による影響がジオ・コスモス上に、次々と表示される。文字によるデータも、ジオ・コスモスの前面や背後に、わかりやすく表示される。文字や数字だけではわかりにくい内容も、ジオ・コスモスと一体的に表示されることで理解しやすくなる。

人間そっくりのアンドロイドは、少しでも表情や仕草がおかしいと、「不気味の谷」と呼ばれる嫌悪感を持つといわれるが、コウについてはそのようなことはなく、動作もスムーズで自然な印象だった。

インタラクティブな3D ARコンテンツ

バーチャルヒューマンとは、CGで作られた仮想のキャラクターで、「バーチャルビーイング」「デジタルヒューマン」と呼ばれることもある。最近では、インターネット上に構築される多人数参加型の三次元仮想世界「メタバース」が注目されている。そのメタバース内のアバターとしても、高精度なバーチャルヒューマンが期待されている。

ＫＤＤＩはテクノロジーとアイデアを駆使して数年先の未来体験を提供するための新プロジェクト「ａｕ ＶＩＳＩＯＮ ＳＴＵＤＩＯ」をスタートさせ、その取り組みのひとつとして、コウを社会実装していくためパートナー企業を募った。それに選ばれた中心的な一社が、東京のＡｗｗ（以下、アウ社）だ。２０１８年にアウ社がプロデュースを開始したバーチャルヒューマンのｉｍｍａ（以下、イマ）は、リアルとバーチャルの境界線を越えたバーチャルファッションモデルとして注目され、フェラガモやバーバリーなど有名ブランドとコラボしたほか、ポルシェ、ＩＫＥＡ、ＳＫ－Ⅱの広告にも起用されるなど、日本内外で活躍している。近年のコンピューター技術の進化に加え、優れたアーティストが手掛けることによって、その表現力は人間と同等、あるいはそれ以上ともいわれるようになっている。

しかしコウの特徴は、外見だけではない。イマ以外にも多数のバーチャルヒューマンが出現している中で、コウの最大の売りは、モバイル端末上でも動き、その中で話ができたり、動作ができたりするという点だ。

ＫＤＤＩ５Ｇ・ｘＲサービス企画開発部サービス・プロダクト企画グループでグループリーダーを務める水田修は、５Ｇを活かしたコウの特徴を強調する。

「従来のバーチャルヒューマンは、アプリで動かす簡易的なものになりがちだったのですが、我々は５ＧのテクノロジーとＭＥＣ（メック）という新しい取り組みで、高画質なデジタルヒューマンを、皆さんがお持ちの5G対応スマートフォンやスマートグラスにお届けすることができます」

ＭＥＣは、サーバーを5Gネットワーク内の端末近くに分散配置することで、いままでクラウドで行っていた処理を超低遅延で行えるようにする技術である。

そこで威力を発揮したのが、au VISION STUDIOの開発パートナーとなった東京のＭａｗａｒｉ（以下、マワリ社）が提供するＡＲストリーミングテクノロジーだ。マワリ社のフォーマットを使うと、３Ｄデータを最大限に軽量化し、さらにストリーミング型でコンテンツを配信することができるようになり、これまでは処理パワーが不足するため不可能とされていた、スマートフォンやスマートグラスでのリアルタイムでインタラクティブな３Ｄ ＡＲコンテンツの体験を可能にした。

「クラウドレンダリング」という用語がある。クラウドとはインターネット上で動作するサービス、レンダリングとは３Ｄ ＣＧなど各種イメージデータをコンピューターで処理することをいう。コウは最新のクラウドレンダリング技術で提供されるのだ。

コウの外見が整い、その大量のデータ伝送が可能となった。次のポイントは、スマートグラスに搭載されたカメラ越しの映像から空間を認識するＶＰＳ（Visual Positioning Service＝空間認識技術）である。開発にあたったＫＤＤＩ総合研究所では、未来館の館内について事前に作成した地図と、スマートグラスのカメラで撮影した映像の一致点を検出し、スマートグラスをかけている人の位置と向きを平均誤差35センチで確認できるシステムを構築した。

ＫＤＤＩの水田に、新システムは従来の4Ｇや無線ＬＡＮで対応できなかったのかと聞いてみた。

「大人数の方がずっとストリーミングを受け続け、さらにVPSのための画像情報をアップロードし続ける必要があります。そのとき、4G回線では速度、遅延性が不足します。無線LANでは、電波の接続性が不足します。こうした観点から、5Gのインフラが必須なのです」

クラウドレンダリングを安定的に提供することが、4Gや無線LANでは不可能なのだ。

コウという名前の由来について聞いてみると、「co」には、「同等」という意味があり、「人間と対等の存在」という意味があるという。コウは今後、東京多摩市にあるKDDI ART GALLERYで案内役を務めるほか、カネボウ化粧品のブランド「I HOPE.」とのコラボが決まっている。人間とバーチャルヒューマンの共生する社会が、もうすぐそこまできている。

「アナグラのうた」から我々が学べること

内外の美術館や博物館はコロナ禍で閉館を余儀なくされたり、開館できたとしても入場者数や開館時間などについて大幅な制限を余儀なくされたりしている。こうした中で科学未来館はデジタルツインを構築し、お台場を訪れなくても科学未来館を楽しんでもらえるよう、全館のバーチャル化を目指している。そこがコウの生きる世界である。

日本科学未来館展示企画開発課課長の瀬口慎人は2011年、3階常設フロアに開設したコンテンツ「アナグラのうた」との関連性について語った。

「この10年来、これを全館的に広げていきたいという話をしていましたが、技術的な面が課題になって、できずにいました。今回、ＫＤＤＩさんとＫＤＤＩ総研さんの三者が協力することによって、『アナグラのうた』の全館実装が実現できる状況になってきました」

科学未来館では「アナグラのうた」がテーマとする「空間情報科学」について、次のように説明している。

「私たちが暮らす実空間での人やモノのふるまいを計測し、その結果を計算して理解し合うことで、人々の暮らしを支援しようとする科学です。いうなれば世界のデジタルコピーをつくって、その中で次に起こることを予測して、あらかじめ、みんなが望む情報を用意したり、起こりやすい問題を回避しようという知恵です」

本書で紹介したキーワードでいい換えれば、デジタルツイン、またはサイバーフィジカルシステムだ。

展示室内には多数のセンサーが設置され、入場者は位置情報が常に検知されて「ミー」という名前の分身として記録される。様々な情報がデータとして蓄積され、最後に「シアワセ」という装置で自分のデータを元に歌が作られ、ボーカロイドが歌ってくれる。

しかし「アナグラのうた」の舞台設定は、人類が滅んだあとの未来である。人を幸せにするのも、不幸にするのも、それは私たち自身であるというメタファーだろうか。新型コロナウイルスによるパンデミックを経験した私たちは、最後にどんな歌を聴くことができるだろうか。それは私たちの選択にかかっている。

第7章 利便性と引き換えに直面するリスクとその管理

INTRODUCTION

便利なものにはリスクがつきまとう

これまで見てきたように、5Gは様々な可能性に満ちている。日常使いから産業用まで、その用途は幅広い。しかし便利なものには何ごともリスクがつきまとう。

例えばマイカーはとても便利で、自動車産業は日本の基幹産業となったが、同時に交通戦争による犠牲者や排気ガスによる大気汚染を生み出した。だからといって自動車の製造をやめるのではなく、道路や歩道の整備を進めたり、クルマの安全対策や環境対策を徹底したりした結果、交通事故による死者は大幅に減り、都会は青空を取り戻した。

ただしそこには、交通事故による死者が減った代わりに重傷者となって重い後遺症を背負う人が増えたり、警察のデータでは軽症であっても「高次脳機能障害」という、生活に支障をきたすような障害が増えたりしているという現実もある。

そして5Gである。非常に便利になる反面で、様々なリスクも懸念される。まず、情報漏洩などセキュリティリスクの面を検討してみたい。次に、個人情報がどう扱われるかというプライバシーリスクである。最後に、電磁波が人体に与える影響についても言及する。

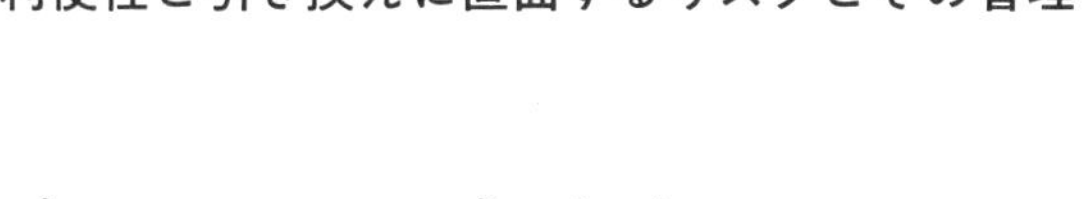

7-1 5Gとセキュリティリスク対策

業界最大手「トレンドマイクロ」が鳴らす警鐘

　5GがIoT化を加速し、利便性が大幅に向上する。しかしその反面、サーバーセキュリティリスクが大幅に高まることは否めない。2015年施行の「サイバーセキュリティ基本法」によれば、サイバーセキュリティとは、「電子的方式、磁気的方式」など「人の知覚によっては認識することができない電磁的方式」により「記録、発信、伝送、もしくは受信」される情報の「漏洩、滅失、毀損」の防止のために必要な措置、並びに「情報システムや情報通信ネットワークの安全性と信頼性の確保」のために必要な措置である。

　国内のサイバーセキュリティ業界シェア第1位の「トレンドマイクロ」でネットワークセキュリティ推進部の部長を務める津金英行は、5Gで利便性が向上すると、同時にセキュリティリスクは増大する危険性があると警鐘を鳴らす。

「5Gの環境になると、高速低遅延、それに多数同時接続という5Gの特性が、従来から存在したサイバーセキュリティの脅威をより増大、深刻化させます。例えば大量のデータを送りつけて、サーバーを正しく機能させなくするDDoS（ディードス）攻撃が、やりやすくなります」

似た名前のDoS（Denial of Service）攻撃は、特定のサーバーやネットワークにアクセスを集中させて過重な負担をかけ、意図的にサイトをパンクさせてサービスを妨害するサイバー攻撃だ。例えばキーボードのF5キーを何度も押してウェブページの更新を繰り返すと、ウェブサイトを妨害するDoS攻撃「F5アタック」となる。DoS攻撃は1カ所から攻撃を行うため、IPアドレスからのアクセス回数を制限するなどの対策が講じられてきた。

これに対してDDoS（Distributed Denial of Service）攻撃は、マルウェアなどを利用して不正に乗っ取った複数のコンピューターを利用し、分散型で攻撃する。機能停止に追い込むことから、「分散型サービス妨害攻撃」とも呼ばれる。2016年には世界で数十万台に上るIoT機器がマルウェア、Mirai（ミライ）に感染し、Twitterや音楽ストリーミングサービスのSpotifyが利用できなくなるなど被害は広範囲に及んだ。

4割強の企業がセキュリティインシデントによる被害にあっている

トレンドマイクロがまとめた「法人組織のセキュリティ動向調査2020年版」によると、質問に回答した１０８６の法人組織の担当者のうち43・８％が、不正アクセスやアカウントの乗っ取り、悪意のあるソフトウェアである「マルウェア」感染など、何らかのセキュリティインシデントによる被害にあった。被害を受けた法人の内訳で、被害額は49・６％が１０００万円未満だった一方、15・７％で１億円以上の被害が発生し、年間の平均被害額は１億４８００万円にのぼっている。

記憶に新しいところでは、２０２０年11月に大阪のゲームソフト会社「カプコン」がサイバー攻撃を受けて一部のシステムが稼働停止に追い込まれたうえ、社内の機密情報が抜き取られ、犯人グループは身代金を要求するという事件が起きた。同社の２０２１年１月12日付け発表によれば、流出した個人情報は最大で約39万人分にのぼる。「ランサムウェア」と呼ばれるマルウェアの一種による犯行だ。最近の犯人グループは、身代金支払いを拒否されると、窃取したファイルを一部公開したり、第三者に転売したりする。これは「二重恐喝」と呼ばれる新しい手法だ。

新型コロナウイルス感染症の予防対策も関係してくる。従来であれば、会社の中でセキュリティ対策がとられ、社外のネットワークと切断することで安全性を担保することが可能だった。しかし感染リスクを下げるため、ＩＣＴ（情報通信技術）を活用した時間や場所にとらわれない働き方、リモートワークを余儀なくされると、たしかに新型コロナウイルスの感染リスクは下がるが、反比例するようにサイバーセキュリティリスクは確実に高まることになる。最近の事例で三菱電機は不正アクセスにより、金融機関の口座情報が流出した。「同社は（２０２０年）４月の緊急事態宣言後、本社内からしか利用できなかったマイクロソフト３６５を、外部のインターネットからも利用できるよう一部制限を緩めていた。それが今回の不正アクセスで狙われた、社内情報の共有システムだった」

（２０２０年11月21日付け朝日新聞）。「管理の緩い海外拠点などで従業員の私物パソコンなどが接続されるケースが相次ぎ、社内ネットワークに侵入できる『裏口』が増えた」（２０２１年１月13日付け日本経済新聞）という指摘もある。

ホンダは２０２０年６月にサイバー攻撃を受けて、工場の操業が一時停止する被害を受けた。このほか日本年金機構、日産、川崎重工、日立、ＮＥＣ、ＮＴＴコミュニケーションズ、日本経済新聞なども被害を受けた事実を公表している。２０１９年10月の消費税増税に伴ってキャッシュレス決済で還元を受けられる制度が実施され、利用が拡大したが、同時にＩＤやパスワードなど個人情報の窃取による金銭被害も増加した。

海外では２０１０年にイランのウラン濃縮工場で遠心分離機が破壊され、ウクライナでは２０１５年と２０１６年に一斉停電がおきた。２０１８年にはＮＡＳＡ（米航空宇宙局）の研究データが盗まれた。フランスではテレビ局、スウェーデンでは鉄道、韓国では銀行が被害にあっている。エクアドルでは全国民の個人情報が海外に流出した。

ローカル５Ｇのサイバーリスク

このようにセキュリティ脅威の度合いが増す中で、５Ｇの普及に伴って、被害がさらに拡大する恐れがある。

「5Gでより多くのところに、同時多発的な攻撃を仕掛けたり、より大規模な障害を引き起こしたりするようなことが可能になります。社会的影響という面では、非常に大きな問題を引き起こす危険性があります」

津金がまず懸念するのは、場所を限定して利用できるローカル5Gのセキュリティ対策だ。第5章で紹介したローカル5Gは、その場所を管理している企業や自治体などが自由に使える、非常に使い勝手の良いネットワーク環境だ。

ローカル5Gは特に、工場での利用が期待されている。現状では工場内のネットワークは、有線でつながっている場合が多い。その配線は複雑で、ラインの組み替えはネットワークの設計からやり直さなければならないため難しいというケースも多かった。

それが5Gを導入すれば、電気の配線以外はコードをなくすことができるため、臨機応変にシステムを変更できるようになる。5Gを使えば、新しいロボットやアプリケーションを工場内で使えるようにもなる。

ほかにも、アミューズメント施設内では利用客にスムーズな映像配信を提供したり、建設現場などの屋外では重機を遠隔操縦したりできる。

それは便利なのだが同時に、そこで使われている各種技術がローカル5Gを構成する要素となってくる。そして、それらの技術には、セキュリティに対する脅威が存在する。

「ＩｏＴデバイスはもともと、セキュリティリスクを含んでいるものもあります。例えばパスワード管理が十分にされておらず、外部から簡単にログインされるような問題です」

総務省が２０２０年5月に発表したＩｏＴ機器に関する調査では、対象となった約１・１億ＩＰアドレスのうち、ＩＤおよびパスワードが入力可能であったものが約10万件、このうちログインできたものが２２４９件も存在した。

従来の通信ネットワークは専用機器で構成され、汎用的な攻撃技術は通用しないケースが多かった。いまはそこにＩＴ系の仮想化技術が使われたり、通信ネットワークをクラウド上で構成したりするようなケースも出てきている。システムの開発者が想定していなかった接続が行われるようになってきているのだ。

「通信のコアネットワーク内部に、いままでのＩＴで使われていたような技術がどんどんどんどん入ってきています。逆に言えば、コアネットワークを従来の手法で攻撃することができるようになってきたのです」

前述したように、様々な分野でＩｏＴのデバイスが幾何級数的に増えている。しかもＩｏＴ機器のライフサイクルは長い。自動車では10年以上、工場では20年使われるものも珍しくはない。そのうえリソースが限られたセンサーでは、パスワードなどの対策を適用できないことすらある。

経済的利益を求める攻撃者はセキュリティ対策が手薄なところを狙う

それが5Gでネットワークに接続できるようになる。そうなると、不正な用途で悪用されるデバイスも急速に増える。こうした不正な接続対策が大きなテーマとなってきている。

「パブリックな5Gでも同様のことは起こり得ます。しかしこうした脅威はまず、ローカル5Gから発生してくる可能性が高いと思います」

経済的利益を求める攻撃者は、セキュリティ対策の手薄なところを狙うからだ。大手通信事業者が提供するパブリックな5Gの場合、ネットワークは非常に高いレベルで管理されている。例えば、パブリック5GのSIMカードは、現状では通信事業者しか発行することができない。SIMカードは携帯電話やスマートフォンをネットワークにつなぐための認証の鍵となり、これが不正に使われると、問題のある端末がネットワークにつながることになる。そこで通信事業者はSIMカードの不正な利用（SIMジャッキング）がないかどうかをチェックし、問題を検知した場合は利用を止めるなどの対策をとる。こうしたノウハウを持つ通信事業者と同様のオペレーションを、ローカル5G免許を取得した企業や自治体も、独自にやらなくてはならない。

「ローカル5Gは自由に使えるという利便性がある一方、セキュリティ対策という高いハードルがあります」

次に、仮にセキュリティに対する脅威が発見されたとしても、簡単にはネットワークを止められないという問題がある。例えば、工場の操業を止めると、1日で場合によっては数億円の損失が出るという企業もある。「海外の海運大手で、業務停止により約330億円の損失が発生した事例もある」（2021年1月8日付け日経産業新聞）という。

「工場の運用はできる限り止めたくないというユーザーの声があります。脅威の拡散をできるだけ防止しながら工場を安定運用するためには、不正な用途で悪用されるデバイスだけ、問題のある通信だけを排除するといったアプローチが必要になってきます」

5Gの導入で、これまでとは違った脅威が出現する恐れもある。

「工場内の機器が5G通信で、もはや場所に依存しない環境になってきます。そうなるとモノが違う場所に移動されても気づかなかったり、不正な用途で悪用されるデバイスをこっそり持ち込まれて内部に拡散してしまったりする脅威が懸念されます。従来はどうしても外からの接点に目がいきがちだったのですが、問題になるのはむしろ内側です。内部の脅威に気づくよう、システム全体に対するセキュリティのセンサーが必要となってきます」

プライベートなLANがインターネットに接続されるように、将来的にはローカル5Gがパブリック5Gに接続されるだろう。そのほうが、利便性があがるからだ。それは同時に、ローカル5Gのリスクがパブリック5Gに拡散されることも意味する。

デジタルツインのサイバーリスク

第3章では「デジタルツイン」に言及した。繰り返しになるが、デジタルツインとは、現実に存在する製品などのモノや、場所などのリアルな環境をデジタルデータ化し、仮想のサイバー空間上でリアルタイムに「電子的な双子」を構築するシステムをいう。CPSという概念も、ほぼ同じ意味で使われる。デジタルツインを使うと現状の解析だけでなく、シミュレーションしたモデルで未来を予測し、問題がおきる前に対策をたてることができる。これはCAEとも呼ばれ、コスト削減や工期短縮に効果的だとして様々な分野で利用されはじめている。

中でも注目されるのが、都市のデジタルツインである。あらゆる側面から都市をデジタル化するプロジェクトを「スマートシティ」と呼ぶ。代表的な事例として世界的に有名なのが、シンガポールの国土を丸ごとデジタルツイン化する「バーチャルシンガポール」だ。日本では「バーチャル銀座」などのプロジェクトが進んでいる。

内閣府では「サイバー空間（仮想空間）とフィジカル空間（現実空間）を高度に融合させたシステムにより、経済発展と社会的課題の解決を両立する、人間中心の社会」を２０１６年に閣議決定された第５期科学技術基本計画で「Society 5.0」と名づけて推進しようとしているが、これは大規模なデジタルツインである。

デジタルツインでは、大量のデータを遅延なく高速で、しかも正確に伝送する必要がある。そこで５Ｇが期待されている。ところがサイバー攻撃を受けて、偽のデバイスから不正な情報が送り込まれたり、データが改ざんされたりすると、サイバー空間でのシミュレーションが不正なものとなる。その誤ったシミュレーションをベースに、間違った制御が現実の物理空間にフィードバックされることになる。それが例えば低遅延性を活かした自動運転だったり、遠隔手術だったり、原子力発電所のシステム制御だったりすると、人命にも関わる重大な事件や事故につながりかねない。

市民の個人情報を集約して扱う場合、そうしたプライバシーに関わる情報が侵害されるリスクも懸念される。

「様々なＩｏＴデバイスが今後、さらに増えます。デバイスがパソコンやスマートフォンのようなものだけであれば、セキュリティ対策ソフトというアプローチがあるのですが、センサーのようなものだと、ひとつひとつのデバイスでセキュリティ対策をとるのが難しくなってきます。そうなるとデバイスに依存しないセキュリティ対策が必要になってきます」

センサーなどのＩｏＴデバイス自体は非力なので、単体では多くの攻撃を仕掛けることはできない。しかしセンサーがネットワークにつながることで、全体としてＤＤｏＳ攻撃の量が増える。これがＩｏＴをベースにしたセキュリティ脅威の恐ろしさだ。

「一つひとつで見ると目立たないことなのですが、全体を合わせると、ものすごい量の攻撃が仕掛けられる。そういった脅威に対処する必要が出てきます」

具体的には、分散連携型のセキュリティ対策が求められている。クラウドやネットワーク、デバイスなどの各階層で対策を施す、多層防御の考え方だ。セキュリティを重ねて、セキュリティの穴を減らしていくアプローチである。

さらにトレンドマイクロでは、ＳＩＭカードに対策を施すことで、デバイスに依存しないネットワークのセキュリティ対策を実現しようとしている。

「ＳＩＭカードは、モバイル通信するすべてのデバイスに共通するので、個々のデバイスに特別な対策をとる必要がないのがポイントです」

AIに迫るサラミ攻撃

相手にわからない程度のごく少ない量を少しずつ盗む行為のことを、サラミソーセージを薄く切る様子に似ていることから「サラミ攻撃」と呼ぶ。IoTの急激な進展に伴って懸念されているのが、AIに対するサラミ攻撃である。

AIは大量のデータを取り込んで機械学習を重ね、ディープラーニング（深層学習）で分類や予測モデルを作っていく。その際、想定よりも小さすぎるデータや大きすぎるデータは、ノイズとして省くようになっている。サイバー攻撃で、突然おかしなデータを送りつけられても、受けつけないのだ。そこでサラミ攻撃は、大量のデバイスを使い、時間をかけて少しずつ修正した偽造データをAIに送り込む。一つひとつのデバイスから得られるデータは誤差の範囲内で、AIは気づかない。だから、すぐには異変がおきない。しかし、問題のあるデータが積み重なると、学習を重ねたAIがだまされて、誤った判断を下すことになる。

「大量のデバイスを使うという新しい手法として、従来にはなかった攻撃です」

こうした事態に対処するため、AIに模擬の偽造データを学習させてだまされないようにするなどの取り組みも行われている。

ＡＩは万能ではない。大量のデータを扱う５Ｇ時代を見越した、新たな脅威が生まれているのだ。

必要なのは「セキュリティ・バイ・デザイン」という考え方

このように５Ｇの登場で、セキュリティリスクの度合いが増大する。しかし対策は十分とはいえないのが現状だ。過去の例を見ても、どうしてもセキュリティ対策は、後追いになる。デバイスに脆弱性があって脅威にさらされるのは、設計段階でセキュリティ対策が十分でないからという指摘がある。５ＧとＩｏＴの時代を迎えたいま、企画や設計段階からビッグデータやＡＩを活用したセキュリティ対策が必要となってくる。それが〝Security by Design〟（セキュリティ・バイ・デザイン）という考え方だ。セキュリティ要件に適合したデバイスには認証マークを付与しようという動きもある。５Ｇのメリットにばかり目を奪われて、リスク対策をおろそかにするようなことがあってはならない。

7-2 プライバシーリスク

増加し続けるインターネット上の事件

「最近は、検索技術の向上により、たとえあるサイトで公開している情報が断片的なものであっても、インターネット上のさまざまな情報を組み合わせることで、あなた個人を特定する情報を探し出すことができる可能性が高くなっています。また、一度インターネット上に公開された情報が、コピーにより拡散していった場合、それを完全に削除することは困難です」

個人情報を公開することの危険性について、総務省がウェブページ「国民のための情報セキュリティサイト」で警告した一文だ。

同サイトは、「ネットストーカー」にも注意するよう呼びかけている。「サイバーストーカー」と呼ばれることもある。メールやSNS、ブログなどを利用して誹謗中傷するだけでなく、個人情報を特定されることもある。公開されているプロフィールに加えてSNSの書き込み、アップされたベランダからの風景写真、自宅近くの町並みの写真など断片的な情報を手がかりに、地図サイトや各種検索エンジンを駆使して個人情報を割り出すのだ。自宅周辺の情報などをＳＮＳで不用意にタグづけしていると、そこから個人情報が特定される恐れもある。

法務省の発表によれば、全国の法務局が２０１９年に救済手続きを開始した、インターネット上の人権侵害情報に関する人権侵犯事件は１９８５件で、２０１１年（６３６件）の３倍以上に増えている。さらにその内訳をみると、プライバシーの侵害が１０４５件、名誉毀損が５１７件で、この両事案で全体の８割を占めている。

これまでは写真からストーカー被害にあう例が多かった。これが5G時代になると、状況が変わるかもしれない。というのも、超高速大容量の５Ｇになると、スマートフォンで撮影したハイビジョンや４Ｋ画像など、高精細な映像をどこでも手軽にアップロードできるようになる。情報量は写真の比ではなく、動画のほうが圧倒的に多い。その分、個人情報を割り出す手がかりが多くなる。背景の風景や家並みから住所が特定されたり、家族関係から友人関係に至るまで、ストーカーに知られたり、ＳＮＳ上にさらされたりするリスクが生まれる。

さらにスマートフォンのアプリは、利用者の行動履歴や位置情報、決済に至る様々なデータを、本人が知らないうちに送信している可能性がある。高速大容量の通信ができる５Ｇは、企業によるデータの活用を促進する面もあるからだ。もちろん、アプリをダウンロードするときにその旨が告知され、利用者は合意したはずだが、細かい文字で書き連ねてある使用許諾契約書を丁寧に読む人はそんなに多くはないだろう。

ドイツの哲学者、マルクス・ガブリエルはさらに踏み込んで、「市民的不服従」ならぬ「市民的服従」が広まりつつあると指摘する。「上から」の力によって民主主義が攻撃されているのではなく、個人が自分から喜んでプライベートをＳＮＳなどネット空間にさらしていく。ガブリエルは、こうして「デジタル全体主義」が出現し、新たな全体主義を自分から招いているのだと指摘する。

忍び寄る「デジタル全体主義」とは？

２０２１年１月７日付け毎日新聞の社説は「ネット検索や通販、ＳＮＳ（ネット交流サービス）では、便利さと裏腹に問題が噴出している。グーグルなど米巨大ＩＴ企業４社、ＧＡＦＡは無料サービスの代わりに大量の個人情報を吸い上げ、データを寡占している。その結果、プライバシー保護や商取引の公平性がないがしろにされている」と指摘する。

確かに便利さは諸刃の剣で、安心・安全とトレードオフの関係にある。利便性の代償に個人情報が漏洩したり、プライバシーが侵害されたり、ＳＮＳに悪意のある書き込みをされたり、果てはフェイクニュースを流されたりするかもしれない。

元経産官僚の古賀茂明は、日常生活における利便性の向上は認めつつ「自分のあらゆる情報が気付かぬうちに企業の手に渡る。単なるプライバシー侵害だけでなく、その情報を使って自分の行動が予測され、さらには行動を誘導されるリスクまである。いわゆる『監視資本主義』への懸念だ」（２０２０年１月28日付けエコノミスト）と指摘する。

社会情報大学院大学特任教授の北島純は「5G（次世代通信規格）ネットワーク技術の普及やバッテリー駆動の長時間化が進めば、ドローンが撮影した画像がクラウドサーバーに伝送され、AI顔認証技術によって人物を特定し、要監視対象と判断された人物がドローンに追尾監視されるといった光景を見るのは、あながち遠い未来とは言えないだろう」（2019年7月9日付けエコノミスト）と懸念する。

国民の統制を強化している中国では、それがすでに現実のものとなっている。

「中国はコロナ感染を防止するためにアプリ『健康コード』で個人を追跡している。全地球測位システム（GPS）の位置情報や診察履歴などのデータを解析し、感染リスクを判別する。商業施設や交通機関の入場者には提示を求めている。健康コードは中国政府が国家戦略として構築する住民データ集約のプラットフォームが支える。中国は100超の都市でスマートシティ計画を進め、顔認証カメラやドローン（小型無人機）でデータを集めている」（2020年8月5日付け日本経済新聞）

フランスのテレビ局が2019年に制作し、2020年8月にNHK BS1で放送されたドキュメンタリー番組「超監視社会 70億の容疑者たち」を見ると、中国政府は「社会信用システム」で全国民をランクづけし、監視カメラのネットワークを使ってその行動を分析している。

しかしこれは何も、中国に限った話ではない。アメリカでは2001年の同時多発テロを受けて、FBIが個人情報を収集する権限を強化した。フランスのニースでは要注意人物をリアルタイムで判別する顔認証カメラシステムを導入した。

監視カメラの精度を高めるためには高精細な映像を使うのが効果的だ。5Gはそのための切り札となり得るのだ。

プライバシー保護か、利便性の向上か。各国の動き

こうした「デジタル全体主義」的な動きが強まると、プライバシー保護の強化を求める声も高まり、実際に規制の強化が行われている国や地域も出はじめている。

ヨーロッパでは欧州連合（EU）が、2018年に「一般データ保護規則」（GDPR）を施行した。日本の個人情報保護法にあたるが、GDPRはきわめて厳格なルールが定められている。例えばクッキーやIPアドレスなどのオンライン識別子は、日本では個人情報には該当しない。しかしEUでは個人情報として保護の対象となる。刑事罰は、日本では6カ月以下の懲役または30万円以下の罰金だが、GDPRは高額で、最大で年間の世界売上高の4％か、2000万ユーロの高いほうが罰金として科せられる。グーグルは、個人情報の取り扱いに関する説明に違反したとして5000万ユーロ（約62億円）の制裁金をフランスの規制当局から科せられた。

2020年にはアメリカのカリフォルニア州で、データの保護対象を拡大し、プライバシー規制を強化する法律が成立している。

こうした中、カナダのトロントで、グーグルの親会社、アルファベット傘下の「サイドウォークラ

ボ」は２０２０年5月、同社が進めていたスマートシティプロジェクトについて、事業からの撤退を発表した。同社は街頭に多数のセンサーやカメラを設置し、様々なデータを収集、運用していた。しかし地元住民がプライバシーの侵害を訴え、「監視社会のディストピア」「市民は実験マウス」と反発する声を受けて、事業を断念したものだ。

ちょうど同じ時期にあたる２０２０年5月27日に日本では、国家戦略特区法の改正案、いわゆるスーパーシティ法案が可決された。同法案は過去2回の国会でいずれも成立せず、多くの野党が反対した末、三度目の正直でようやく成立したものだ。参議院本会議の討論では、「最先端技術を活用して快適な生活を送ることに誰も異論はないが、代わりに自由とプライバシーを差し出すことはできない」などの反対意見が出され、「運用上の透明性の確保」「個人情報の流出防止」「住民合意が基本の地方自治の尊重」といった付帯決議がつけられた。

商店街や住宅街では、安心なまちづくりに防犯カメラは欠かせないと思っている人が増えている。新築マンションでは、防犯カメラの設置は常識となっている。その一方で２０１４年3月には、国の研究機関がＪＲ大阪駅で顔認証カメラを使って移動の経路を把握し、災害時の安全対策に役立てようとした計画について、「映りたくない」という市民の声や市民団体からの中止要請を受けて、計画の中断に追い込まれたケースもあった。

「スマートシティ会津若松」は試金石になるか

では、どのようにスマートシティやスーパーシティ計画を進めていくべきだろうか。

その答えのひとつを提示したのが、福島県会津若松市で進む「スマートシティ会津若松」プロジェクトだ。同市によれば、個人情報データの取り扱いは、本人の同意を得る「オプトイン（Ｏｐｔ－ｉｎ）方式」を採用する。「オプション」という言葉からわかるように、〝opt〟には選択するという意味があり、オプトインは自分の意思で選ぶという意味になる。「自分のデータは自分のものであり、自分の意思（同意）によって、自分が使いたいときに使いたいところで利用することで、自身の生活の利便性が高まるという考え方が前提」とされる。

これに対し、本人の求めがあった場合に停止するのが「オプトアウト方式」だ。欧州もＧＤＰＲ以前はオプトアウト方式が一般的だった。しかしＧＤＰＲでは、個人データ取得の開始前に同意を求める「オプトイン方式」となった。

会津若松での具体的な運用にあたっては、取得したり活用したりするデータの種類、利用目的、利用先などを明示し、利用者の同意を得てからデータの取得や活用を行う。これにより住民の信頼を得るのだ。さらにデータ連携基盤でデータを一元管理することはせず、分散管理する。

これを前提にした上で、医療や福祉、エネルギーや農業など様々な分野でデータを組み合わせ、便利なサービスを生み出している。

「どのようなメリットがあるのかを見える化することで、会津若松では住民が進んで個人情報を提供するような環境づくりに取り組む。収集したデータは特定の企業だけではなく地域と連携して管理する。透明性を高め、個人情報を悪用しないことを周知するためだ」（2020年8月31日付け日本経済新聞）

個人情報を誰がどのように使うかをオープンにし、了解を得る必要がある

「情報銀行」という取り組みも始まっている。フランスの民間研究機関が主導する「メザンフォ」は、その先駆けともいえるプロジェクトだ。「メザンフォでは民間企業や公共機関が管理してきた個人データを本人に返還。利用者がデータを『パーソナル・データ・ストア（PDS）』と呼ばれるシステム基盤に預ける。企業・公共機関はGDPRに適応するように、利用目的などの同意を得てサービスなどに活用する」（2019年5月27日付け日経産業新聞）

日本では2018年から日本IT団体連盟が情報銀行認定事業を始め、2020年3月時点で5社に対して認定を行っている。どのような方法をとっているかというと、ユーザーはアプリを通じて基本属性や興味・関心事項、行動履歴、予定などのパーソナルデータを情報銀行に預託する。特定のデータを入手したい企業が情報銀行に個人情報の提供を依頼すると、情報銀行は該当する個人の同意を

得た上でデータを提供する。依頼した企業は、情報量に応じて手数料を情報銀行に支払う。情報提供者は情報量に応じて電子マネーやポイント、キャンペーン情報やクーポンなどを受け取ることができる。

５Ｇが本格化すれば、ＩｏＴの利用に拍車がかかるだろう。そのとき、個人に関するデータを誰が何のために取得し、どのように使うのかをオープンにし、それぞれの了解を得なければならない。解析したデータは匿名化が原則だ。それは単なる手間ではない。それによってスマートシティに対する個人の参加意識が、確実に高まることだろう。

7-3 電磁波リスクに備える

迫りくる第4の環境過敏症

この節では、5Gの導入に伴う環境の変化が人体に及ぼすリスクについて考えてみたい。

私たちの生活は新技術を取り入れて便利になる一方、生活環境の急激な変化が要因となって健康障害を訴える「環境過敏症」が、大きな社会問題となってきている。

代表的な例として、食物や花粉をはじめカビやダニ、ペットの体毛などによって引き起こされる「アレルギー」があり、いまや日本では2人に1人が何らかのアレルギー症状を持っているといわれる。さらに住宅に由来する健康障害として「シックハウス症候群」があり、ごく微量の香料やガス、薬剤などによってひきおこされる「化学物質過敏症」がある。

こうした慢性疾患は、障害を起こすと推定される環境要因を取り除くことで治療や予防が可能となる。シックハウス症候群は2004年、化学物質過敏症は2009年と比較的最近、保険診療の病名リストに登録され、治療に健康保険が適用されるようになった。いずれも医療関係者や関係する学会、患者団体などの粘り強い研究と運動の成果である。

これに続く第4の環境過敏症として当事者が訴えているのが「電磁波過敏症」だ。専門家の間では「電磁過敏症」（EHS＝Electromagnetic hypersensitivity）とも呼ばれる。

電磁波は健康に害を及ぼすのか

「電磁波」というと、「高圧送電線や電波塔、携帯電話、スマートフォンやその基地局などから出るもので、なんとなく不安に感じる」という人が増えている。経済産業省が設けたワーキンググループの提言により設立された「電磁界情報センター」が、インターネット調査ツールの「Googleキーワードプランナー」を使い、「健康影響」というキーワードにプラスしてどういうキーワードが検索されているかを調べたところ、２０１９年のデータで、トップは「大気汚染・温暖化」が17％だったが、次いで「電磁波」が「食品」と並んで14％となり、以下「化学物質」の10％、「喫煙」の９％、「放射線」の８％などとなった。原発事故などによる放射線の影響を大きく上回り、電磁波の健康に与える影響は強い関心を持たれている。

電磁波とは、帯磁している空間である「磁場」が、帯電している空間である「電場」を作り、今度は電場が磁場を作るという作用を繰り返す「波」として「電磁的エネルギー」が空間を伝わる現象のことだ。なかなかイメージしにくいが、光も電磁波の一種である。

その波の「山から山」までの１サイクルの長さを「波長」と呼ぶ。X線の波長は10万分の１ミリ、ガンマ線の場合は1000万分の1ミリだ。このように波長が非常に短い電磁波を「放射線」と呼ぶ。放射線は強いエネルギーで物質内の電子を弾き飛ばす「電離作用」を持っている。

これに対して波長が長く、電離作用を起こさない電磁波は「非電離放射線」と呼ばれる。電磁波過敏症という場合の「電磁波」は通常、非電離放射線を指す。

非電離放射線は、家電製品や送電線から発生する電磁波を低周波、IH調理器などから発生する電磁波を中間周波、携帯電話基地局や携帯電話、無線LANなどから発生する電磁波を高周波と呼ぶ。

近年では携帯電話の基地局が出す微弱な電磁波にも反応するという人が増えて、基地局建設に反対する運動や建設差し止め訴訟がたびたび起きている。電磁波過敏症の存在を肯定する研究者は、免疫系に関与するホルモンの「メラトニン」に異常をきたすためとか、細胞に酸化ストレスが増えるためとか、様々な説を唱えている。しかしその実態やメカニズムは、まだ解明されていない。患者が起こした裁判でも訴えが認められたことはない。

日本とイギリスでの疫学調査の結果は？

早稲田大学応用脳科学研究所内に結成された「生活環境と健康研究会」では2009年から2015年にかけて、全国2000人の一般の人たちを対象に問診票を郵送してEHSに関する疫学調査を実施した。有効回答は1306人で、このうち研究会で定めた基準値を超えてEHS患者と推定された人は60人だった。彼らが訴えた症状は、極度の倦怠感や疲労感、注意欠如やめまいなど自律神経系の症状が最も多く、次いで皮膚が赤くなったり過敏だったりする皮膚症状、頭痛や偏頭痛などの頭部症状と続き、関節痛やアレルギー症状、味覚や嗅覚の異常など多岐にわたる。その原因として冷蔵庫や掃除機、エアコンなどの家電製品、携帯電話やパソコン、携帯基地局などによる電磁波が推定された。

彼らはオール電化住宅の普及などで家電製品が増えたり、スマートフォンなどの電子機器が急増したり、無線ＬＡＮなど無線環境が拡充されたりして、身の回りの電磁波が飛躍的に増加したことにより健康障害が出たと訴えているのだ。

この調査結果を踏まえ、研究会の代表を務める尚絅学院大学名誉教授の北條祥子は、日本人の３～４・６％の人が電磁過敏の症状を持つと推定している。「約４％がＥＨＳ症状を示した」と報告されたイギリスの調査結果とも合致するという。

研究会ではこれとは別に、ＥＨＳと自己申告したグループを対象に疫学調査を実施したが、彼らの81・９％は化学物質過敏症の症状も有していた。

公的には電磁波が原因とは認められていない症候群

これに対し、「健康」を「身体的、精神的、社会的に完全な良好な状態であり、たんに病気あるいは虚弱でないことではない」と定義するＷＨＯ（世界保健機関）は電磁波過敏症について、「影響が深刻なため仕事を辞め、生活スタイル全体を変えることにした」「その原因を電磁界へのばく露と信じている人」がいるとして、ＥＨＳの症状を訴える人が存在していること自体は認めている。

しかし被験者と治験者の双方に実験の条件を知らせない二重ブラインド法による研究で、「症状が電磁界ばく露と関連しないことが示されている」と断定した。その上で「騒音、照明のちらつきなど電磁界とは無関係の環境因子」、あるいは「電磁界の健康影響を恐れる結果としてのストレス反応などを原因として示唆する研究もある」と指摘し、患者の単なる思い込みなど電磁波とは関係のない要因による症状だと強調する。日本政府もその立場をとっている。つまり電磁波過敏症という疾病は、公的には電磁波が原因とは認められていない症候群なのだ。

総務省と通信会社の見解

日本では１９９０年に電波行政を主管する郵政省、現在の総務省がガイドラインとして「電波防護指針」を策定し、その後数回にわたって改訂している。

きわめて多量の非電離放射線が人体に及ぼす影響としては、誘導電流が生じて皮膚がヒリヒリする「刺激作用」、エネルギーが体内に吸収されて体温が上昇する「熱作用」があることが知られている。人間の神経細胞や筋肉はごく微弱な電気信号によって制御されており、これと同程度、あるいはそれ以上の電流が体内に発生すると健康に悪影響を及ぼす恐れがあると考えられている。

そこで総務省では、生体に影響を及ぼすとされる電波の強さの約50倍の安全基準を確保しているとする。しかも移動体通信関係で実際に測定される値は、基準値を大幅に下回るという。

世界的には1998年にICNIRP（国際非電離放射線防護委員会）が国際的なガイドラインを作成したが、日本の防護指針とほぼ同等の水準となっている。総務省は「我が国をはじめ国際的な専門機関では、電波防護指針値を下回る強さの電波によって健康に悪影響を及ぼすという確固たる証拠は認められないとの認識で一致している」とコメントする。

移動体通信各社は「国の基準を遵守している」という対応だ。

当事者の訴え

電磁波は目に見えず、音や匂いもないため、私を含む患者でない人たちには電磁波過敏症について理解しづらい面がある。症状も個人差が大きく、明確な診断基準があるわけではない。そこで当事者や患者会、さらに医師などの専門家に話を聞いてみた。

最初に話を聞いたのは、重い電磁波過敏症に悩まされているという、53歳の女性である。子どもが大好きで、小学校の教師をしていたが、30代に入ったころから微熱や関節痛に悩まされ、免疫システムの異常による膠原病（こうげんびょう）と診断された。症状は回復せず、39歳で退職を余儀なくされた。42歳のころから「不眠、思考力の低下、紫のあざ」、やがて「肌のヒリヒリ感、締めつけられるような頭痛、焼けるような目の痛み、体に広がる湿疹、そして呼吸困難」を訴え、2018年に大学病院で電磁波過敏症と化学物質過敏症を併発していると診断された。

「新築で購入した東京のマンションは、携帯電話の基地局が60メートル先にあり、身体の不調が出ていたのにそれが電磁波過敏症だと気づくまで8年かかりました。持病のためほぼ寝たきりで、携帯電話を枕元に置いていたことも、とても大きいと思います」

女性は東京を離れ、いまは電磁波の影響が少ない山中のマンションにひとりで暮らしている。病院は電磁波の飛び交う街なかにあるため、治療を受けるのもままならないという。

「ふだんは電気のブレイカーを全部落として、どうしても必要なときに最低限の電気しか使わない生活です。化学物質過敏症のためガスもダメなので暖房も冷房も使えず、途方にくれて、不安で壊れそうな毎日です」

２００４年12月、沖縄県那覇市のマンションの最上階に引っ越した内科医、新城哲治と家族は翌年から、鼻血や不整脈、耳鳴り、激しい頭痛などに悩まされるようになった。屋上には８００メガヘルツの携帯電話の基地局があり、２００８年にはさらに周波数が高い2ギガヘルツの基地局が追加された。新城はマンションの住民を対象にアンケート調査を行った。回答したマンションの住人１０７人のうち、電磁波過敏症の症状を訴えたのは41人に上った。携帯電話会社の説明では、電磁波の強さは国の基準値以下だったが、マンションの理事会は基地局の設置契約を更新しないことに決め、基地局は２００９年に撤去された。すると症状を訴えた人は15人に減少し、新城と家族も、症状がなくなった。新城は「原発の安全神話は東日本大震災で崩壊した。それと同じように、基準値以下の電磁波でも健康被害は起こる。国は基準値を見直すべきだ」と語る。

電磁波過敏症と化学物質過敏症の患者会「いのち環境ネットワーク」は、情報交換や政府に対する要望活動などに取り組んでいる。２００３年に設立されたこの患者会には現在、全国に約２２０人の会員がいる。代表を務める加藤やすこ自身も患者であり、環境ジャーナリストとして電磁波過敏症などの問題を追及し続けている。

「電磁波過敏症は個人差の大きいのが特徴です。周波数によって症状が違うという人もいます。私の場合、例えば低周波では全身への圧迫感があります。プールで水中に潜って、水に圧迫される感じに近いです。高い周波数に被曝すると、レーザーみたいに肌につき刺さるような痛みがあります」

ミリ波帯を使う５Ｇへの懸念

新型コロナウイルスの蔓延で消毒剤が大量に使われるようになり、化学物質過敏症でもある加藤は「ほとんど外に出るのが難しい」と言う。その加藤がいま懸念しているのが、５Ｇの影響だ。

「特に問題なのが、（従来の移動体通信よりも非常に高い周波数の）ミリ波を使うことです。電磁波は周波数が高くなればなるほど、エネルギーが強くなります。全身への深刻な影響が出るのではないかと指摘されています」

5Gではいままでよりもはるかに多くの携帯基地局が電柱や街灯、信号機、窓ガラスやマンホールの蓋などに設置されることも懸念材料だ。

「住まいや通り道を選ぶときに、基地局を避けたくても避けられなくなるのではないか」

前述した研究会代表の北條は「私たちの調査で少なくない割合の人たちにEHSの疑いがある以上、予防原則的な対応を講ずるべき時期にきていると思います」と話す。

予防原則とは、科学的に因果関係が十分に証明されていない段階でも、被害者救済や環境対策などの観点から、救済措置や規制を可能にする考え方だ。1992年に国連環境開発会議で採択された「環境と開発に関するリオ宣言」で、「深刻な、または不可逆的な被害のおそれが存する場合には、完全な科学的確実性が欠けているということが、環境悪化を防止するための費用対効果の大きな措置を延期する理由とされてはならない」として、予防原則の必要性を謳っている。

環境過敏症の専門医である北里大学名誉教授の宮田幹夫は、これまで電磁波過敏症の患者を少なくとも2000人以上診察してきたという。宮田は自身が行った電磁波の負荷検査で、患者の前頭部に血流の変化が観察されたことを、電磁波過敏症が存在する客観的根拠としてあげる。

WHOが二重ブラインド法による試験で因果関係を否定していることについては、「脳に異常が起きて過敏反応が起こると、何にでも過敏に反応するようになる」のに加え、電磁波がまったく存在しない「電波暗室」での検査が必要となるが、短期間の検査では電磁波離脱により一時的に症状が悪化する場合もあるとして、ＷＨＯの検査方法を批判する。

「電磁波が体に悪いことは間違いないし、電磁波過敏症の人がいることも間違いない。それなのに患者を診たこともない人が『電磁波過敏症なんてない』と言う。これはとても困ったことです」

電磁波の影響を強く受けやすい子どもと妊産婦については特段の配慮が必要だとしたうえで、必要なとき以外は電子機器の電源を切ったり、食生活の改善で環境過敏に対する抵抗力をつけたりすることが大切だと、宮田はアドバイスする。

５Ｇと電磁波過敏症に対する世界の動向

５Ｇと電磁波過敏症に対する最近の世界の動向について見てみよう。

２０１７年９月、世界35カ国の科学者と医師が５Ｇについて、安全性が確認されるまで導入しないよう求める声明をＥＵ（欧州連合）に送った。日本からも東北大学理学部准教授で生物物理学を専攻する宮田英威が署名に応じた。宮田は50ヘルツ電磁場影響の細胞レベルの実験を行っていて、「弱いながらも影響は確かにありそうだ」という感触をつかんでいる。

だからといって宮田は、5G反対派というわけではない。細胞レベルで影響が見られたからといって、動物実験で必ずしも影響が出るわけではないし、ましてや人体に影響が出るかどうかはまったくわからない。ただし、こうした研究は長期にわたるため、拙速はさけるべきだとの思いで署名したという。携帯電話の電磁波が人体に影響を及ぼすという説は以前から再三言われてきたが、いまだにはっきりとしない。実際のところ、人体に対する影響の調査はきわめて困難なのだ。宮田は「便利になるのはいいことだが、一挙に進めることによって、後戻りできなくなるのも困る」と話す。

電磁波過敏症ではないが、WHOの専門組織は2011年に「携帯電話の電磁波による脳腫瘍リスクについて、限定的な証拠が認められる」と発表し、話題になった。しかしWHO本部は「国際的なガイドラインで推奨されている限度値よりも低いばく露は健康への悪影響を何ら生じない」との立場をとる。

アメリカNIH（国立衛生研究所）傘下の研究機関が2018年、携帯電話の電磁波をラットやマウスに照射したところ腫瘍リスクが高まったと発表し、大きなニュース（ニューズウィーク日本版、2018年10月30日号）となった。しかし照射したレベルは人間に対する許容量をはるかに上回っており、NIHやFDA（米食品医薬品局）は人体に影響はないという立場をとっている。

ベルギーのブリュッセルタイムズ（2019年4月1日付け）は、ベルギーでは行政区が独自の電磁波規制値を設けることが認められており、厳しい基準を設けているブリュッセル首都圏地域で5G計画は停止されていると報じた。

2020年2月14日付け東京新聞はロンドン発共同電として「13日付の英紙フィナンシャル・タイ

ムズは、スイス政府が第五世代（５Ｇ）移動通信システムのネットワークの使用停止を命じたと報じた。５Ｇが健康に与える悪影響への懸念が拭えないためという」と伝えている。

一方で、悪質なデマに扇動された5Ｇ反対の動きもあるという。２０２０年4月22日付け日経産業新聞は「欧州で次世代通信規格『５Ｇ』の基地局が破壊される事案が相次いでいる。新型コロナウイルスの感染が拡大する中、『５Ｇの電波がウイルスを拡散する』などのデマが広がったことが背景にある。（中略）携帯大手はこうした行為を非難するが、被害が止まらなければ欧州の通信インフラの整備が遅れることになりかねない」と報じている。

それぞれの主張

生活者の立場で環境問題に取り組んでいる東京の「市民科学研究室」は「５Ｇリスク情報室」を開設して情報提供をしている。市民科学研究室代表の上田昌文（あきふみ）は「５Ｇの基地局が多数設置されると、高周波の被曝レベルが場合によっては現在より2桁から3桁上がる恐れがある。それでも確かに国の定めた基準の範囲内ではあるが、電磁波過敏症患者の増加が懸念される」と話す。２０１５年6月に開かれた総務省の情報通信審議会で「携帯電話端末等、人体に近接して利用するシステムに関しては、時間率を考慮しない計算において指針値を上回る結果となった」という指摘があったことも踏まえて、慎重な対応が必要だと説く。

北里大名誉教授の宮田は「５Ｇで情報量が増えると、電磁波に含まれる急峻な波形を持つ周波数の高い波が増えます。周波数の低いゆるやかな波は比較的安全ですが、周波数の高いギザギザの波は人体に良くない」として5Gを懸念する。

一方、国際基準を検討するICNIRPは2020年3月、5Gで利用が本格化する準ミリ波、ミリ波に対する防護レベルを改訂した。新ガイドラインでは、防護レベルが従来よりも緩和されている。ICNIRPは「新ガイドラインを遵守している限り、5G技術が害を生じることはありえない」としている。

総務省電波環境課は5Gで使用する周波数が従来の移動体通信より高くなることについて、「基地局の設置場所やスマートフォンの使用状況が異なるため、単純に従来と比較することはできない」とする。その上で基地局が増えることに関連して「電波の出力は地域の状況に応じてケースバイケースだ」とし、「いずれにしても基準の範囲内に収まるため、人体への影響はない」と説明する。ベルギーやスイスなどで国際基準より厳しい数値を設定していることについては「根拠のない規制値であり、そうした国と情報交換はしていない」として、国際基準の遵守を強調した。

総務省では全国各地で定期的に「電波の安全性に関する説明会」を開いている。2021年2月に開かれた説明会では、電磁界情報センター所長の大久保千代次が「電磁波の健康への影響と電波防護指針について」と題して講演した。WHOの国際電磁界プロジェクトスタッフでもあった大久保は電磁波過敏症患者について「十分配慮しなければならないが、電磁波とは関係ないというところにやっかいな問題がある」として、原因は電磁波ではないと強調した。症状を訴える患者への対応についてて私が質問すると、「臨床面で電磁過敏症に対応しているところに行くか、心療内科に相談されるのが現実的な対応と考えます」と述べるにとどまった。

健康面以外にも起きうる5Gの影響とは?

これに対して市民科学研究室の上田は、携帯電話の利便性を認めた上で、「明確な因果関係がわからなくても、環境の変化が人体に何らかの影響を及ぼすことがある。基地局の位置や電波の強度など具体的な情報をできるだけ公開し、個人で対策をたてられるようにするべきだ」と訴える。

5Gの電磁波に対する懸念の声は、健康面に対する不安だけではない。多数の通信衛星を打ち上げて、空から5Gをカバーしようという計画がある。多くの基地局を地上に設置する手間が省けるからだ。これに対して天文学や気象関係者からは、気象衛星や電波を使った天文観測が大きな干渉を受けるとして反対意見があがっている。電磁波で伝書鳩や渡り鳥が影響を受けているという指摘もある。ミツバチの減少は電磁波によるものと主張する外国の研究者もいる。彼らは5Gによる影響を懸念する。

一方で私たちは、携帯電話やスマートフォンの恩恵を受けている。モノのインターネットと呼ばれるIoTも加速度的に広まりを見せ、あらゆるところで無線通信が利用されている。私たちの生活はすでに、電磁波の利用を抜きには考えられない世界になっている。

そこで海外では電磁波過敏症について、疾病と認定しないまでも何らかの対策を講じようという動きも出てきている。例えばスウェーデン政府は症状を訴える人に対して機能障害を認めた上で、電磁波対策としての住宅リフォームなど環境改善費用を社会保障の名目で負担または補助しているという。新技術を取り入れる一方、リスクも念頭におきながら、困っている人びとに対する配慮を忘れない姿勢は評価できる。

急激な技術の進展に伴って、特に人体や自然界に対する影響について不透明な部分が生じてくるのはやむを得ない部分もある。未知の領域に対する慎重な配慮が求められる時代になっている。

おわりに

新型コロナウイルスによる感染症の予防対策で、私の仕事も各種ビデオ会議システムの利用が大幅に増えた。大学でゼミの授業も非常勤で担当しているのだが、これもズームを使ったオンラインの遠隔授業となった。はじめのうちは戸惑いもあったが、慣れてみると確かに便利だ。なんといっても、自宅から移動する必要がないのだ。自分の部屋で別の仕事をしていても、予定の時刻になればパソコンでソフトを立ち上げ、直ちに取材や授業に取りかかれる。学生に発言を促すと、指名された学生がクローズアップされる。教室だと聞き取りにくい小さな声でも、マイクがきちんと拾ってくれる。予定した時間が経過して取材や授業が終わると、さっきまでの話し声が嘘のように消え去り、いつもどおりの静かな私の部屋に戻る。ずいぶん楽になった。

しかし同時に、マイナス面を感じないわけでもない。私の本業である記者の仕事は、とにかく歩いてナンボの世界である。人と会い、話をするのが基本だ。取材先や大学に向かう途中、電車にゆられながら、取材や授業の内容をどのように展開しようかと計画を立てる。初対面の人に話を伺ったり、初回の授業だったりするときは、相手の緊張をほぐすために、どのようなつかみのネタをふろうかと思いを巡らせる。相手によってはデパートに立ち寄り、手土産を何にしようかと考える。

実際に先方の事務所や自宅などを訪ねると、社内の雰囲気やその人の暮らしぶりが感じられる。匂いや風を肌で感じる非言語的な体験が、記事に深みをもたらす。たまたま見かけた街角の風景や出来事をきっかけに、新しいアイデアを思いつくこともよくある。大学では、学生の真剣な眼差しや退屈そうな表情で、授業の次の展開を考えたりする。こうした要素が、いまのビデオ会議システムでは大幅に抜け落ちてしまう。

第２章で紹介した岩手県立大学の堀川先生に話を伺ったとき、ズームを使った遠隔授業では学生たちが「どういう状況にいて、関心があるかどうかも分からずに、半信半疑で授業している」とのことだった。現実の世界だったらその場の空気を読むことができる。ビデオ会議ではそうした情報を得にくいのだ。

帰りがけに書店で立ち読みをしたり、はじめてのパン屋さんで珍しいパンを買ったりする楽しみもなくなった。

オンラインで仕事ができないエッセンシャルワーカーの方にとってみれば、ぜいたくな悩みと思われるかもしれない。感染予防策として外出を自粛したほうがいいのは大前提として、オンラインの仕事ばかりになると、自分で想定したことはこなせるものの、想定外の展開や新たなビジネスチャンスが生まれにくい。

こうした状況が、５Ｇを利用することで一気に解決するとは思わない。思わないが、本書の取材をしながら、５ＧとＩｏＴという新しい技術を活用することによって、状況は少しずつでも変わるかもしれないと思うようにもなった。バーチャルな世界の構築が進み、仮想世界で多人数が参加可能な「メタバース」や、リアルワールドにそっくりな「ミラーワールド」が現実のものになるかもしれない。バーチャルな世界がリアル化し、フィジカルな世界における体験がバーチャルな世界でも可能になるだろう。そうなるとミラーワールドでも、道草が楽しめそうだ。

浄土真宗の宗祖、親鸞は阿弥陀仏による救済について、「往相（おうそう）・還相（げんそう）ふたつなり」と示された。浄土真宗で「往相」とは、私たちが往生すること。「還相」とは、往生した人が世間に働きかける「利他」をいう。思想家の吉本隆明は、「知の頂を極め」ることを往相、「そのまま非知にむかって着地する」こと、大衆の中に戻る行為を還相と解釈した。本書に登場するキーワードのひとつ、フィジカル空間の物理的な実体とサイバー空間の情報とが循環して互いに作用し合うデジタルツインも、往相還相的な働きかけを目指しているのではないだろうか。日常の世界から、ふだんとは違った日常の世界、あるいは非日常の世界へ足を踏み入れる。そしてまた、日常の世界へ戻ってくる。こうした行き来の過程が人間の「こころ」にとって、とても大事なことだと思う。いろんな人の「こころ」と「こころ」がつながって、より大きな「こころ」になっていく。デジタルツインもそのプロセスを追究することで、より広くて深い世界が開けていくかもしれない。

本書では5Gを使ったビジネスや新技術の可能性、そしてリスクを検証してみた。ブルーオーシャンの広がる5Gの海に、どのように漕ぎ出していこうかと迷っている方、話題の5Gについて具体的に知りたいという方への参考になれば、幸いである。

本書は月刊自動車雑誌『ニューモデルマガジンX』に連載した記事をもとにしている。コロナ禍で出版事情がより厳しさを増したにもかかわらず、執筆の機会を提供してくださった神領貢編集長にお礼を申し上げたい。

おわりに

前作の『ストーリーで理解する日本一わかりやすいMaaS&CASE』に引き続き、プレジデント社書籍編集部の桂木栄一部長にお世話になった。編集は遠藤由次郎さん、装丁は秦浩司さんに担当していただいた。

ご協力いただいたみなさまに、厚く感謝申し上げたい。

2021年6月

著者

※本書は月刊自動車雑誌『ニューモデルマガジンX』（ムックハウス）2020年5月号から2021年7月号にかけて、10回にわたり断続的に掲載した「5G新時代」をもとに、大幅に加筆し、改題してまとめたものです。

〈参考文献・書籍〉

レイ・カーツワイル『ポスト・ヒューマン誕生』(日本放送出版協会、2007 年)
亀井卓也『5G ビジネス』(日本経済新聞出版社、2019 年)
ブライアン・マーチャント『ザ・ワン・デバイス』(ダイヤモンド社、2019 年)
深田萌絵『「5G 革命」の真実』(ワック、2019 年)
クロサカタツヤ『5G でビジネスはどう変わるのか』(日経 BP、2019 年)
藤岡雅宣『いちばんやさしい 5G の教本』(インプレス、2020 年)
三瓶政一監修『5G ビジネス見るだけノート』(宝島社、2020 年)
佐野正弘『5G ビジネス最前線』(技術評論社、2020 年)
森川博之『5G』(岩波書店、2020 年)
片桐広逸『決定版 5G』(東洋経済新報社、2020 年)
加藤やすこ『5G クライシス』(緑風出版、2020 年)
岡嶋裕史『5G』(講談社、2020 年)
マルクス・ガブリエル、中島隆博『全体主義の克服』(集英社、2020 年)
飯盛英二他『図解まるわかり 5G のしくみ』(翔泳社、2020 年)

〈参考文献・雑誌〉

「5G 開戦」『週刊ダイヤモンド』(ダイヤモンド社、2019 年 3 月 23 日号)
「5G の世界」『Newsweek 日本版』(CCC メディアハウス、2019 年 3 月 26 日号)
「5G インパクト」『日経ビジネス』(日経 BP、2019 年 4 月 15 日号)
「5G 革命」『週刊東洋経済』(東洋経済新報社、2019 年 5 月 25 日号)
「5G で上がる日本株」『週刊エコノミスト』(毎日新聞出版、2019 年 5 月 28 日号)
「5G のウソホント」『週刊エコノミスト』(毎日新聞出版、2019 年 11 月 5 日号)
「5G 大戦」『週刊ダイヤモンド』(ダイヤモンド社、2019 年 11 月 9 日号)
「5G の夢と現実」『週刊金曜日』(金曜日、2019 年 11 月 15 日号)
「5G 完全攻略」『DIME』(小学館、2020 年 5 月号)

〈著者略歴〉

中村 尚樹（なかむら ひさき）

1960年、鳥取市生まれ。九州大学法学部卒。
ジャーナリスト。
専修大学社会科学研究所客員研究員。法政大学社会学部非常勤講師。元NHK記者。

著書に『ストーリーで理解する日本一わかりやすいMaaS&CASE』（プレジデント社）、『マツダの魂 ―不屈の男 松田恒次』（草思社文庫）、『最重度の障害児たちが語りはじめるとき』、『認知症を生きるということ―治療とケアの最前線』、『脳障害を生きる人びと―脳治療の最前線』（いずれも草思社）、『占領は終わっていない―核・基地・冤罪そして人間』（緑風出版）、『被爆者が語り始めるまで』、『奇跡の人びと―脳障害を乗り越えて』（共に新潮文庫）、『「被爆二世」を生きる』（中公新書ラクレ）、共著に『スペイン市民戦争とアジア――遥かなる自由と理想のために』（九州大学出版会）などがある。

最前線で働く人に聞く
日本一わかりやすい5G

2021年 7月15日　第1刷発行

著　者	中村 尚樹
発行者	長坂 嘉昭
発行所	株式会社プレジデント社 〒102-8641　東京都千代田区平河町2-16-1 平河町森タワー13階 https://www.president.co.jp/ 電話：編集（03）3237-3732　販売（03）3237-3731
編　集	桂木 栄一　遠藤由次郎（Penonome LCC.）
装　幀	秦 浩司
制　作	関 結香
販　売	高橋 徹　川井田美景　森田 巌　末吉 秀樹
印刷・製本	萩原印刷株式会社

ISBN978-4-8334-2421-9
Printed in Japan